三星殞落？

삼성의 몰락

李在鎔接得了班嗎？

沈正澤 심정택——著　游芯歆——譯

目錄

在我寫作本書時，我完全不認為三星有危險。但接近成書時，卻感覺三星隨時都有可能倒下。

自序。沒有人能擺脫三星

一九九三年，當我跳槽到三星任職的同時，公司配給我一台業務專用的行動電話。那台行動電話的體積，大到口袋都放不下，走動時必須拿在手上才行。當時擁有行動電話的人不多，大部分的人都在腰帶上夾著又名「B.B. CALL」的呼叫器。只要聽到呼叫器一響，就會看到有人趕緊跑向路旁的公用電話亭。之後，行動電話逐漸普及，最近更進入了智慧型手機的全盛時代。

曾有人說，人類的手，是生物工程學上最令人驚訝的產物。嬰兒沒人教，就知道用手去碰觸母親的乳房，藉由斷續的撫觸，和母親溝通。人們在撿拾物品時，會使用手。在對話時，為了加強對方的理解，也會比手畫腳。人類在本能上，就懂得驅動自己的雙手行事。智慧型手機的登場，不僅讓人類在一切生活模式上，有了劃時代的改變，也更深入刺激人類使用手的本能。如今，很難想像沒有智慧型手機的生活。三星已經成功地將智慧型手機事業由邊陲帶向國際市場的中心。

要說三星引領了智慧革命的時代，也不為過。然而，前景雖然遠大，煩惱也隨之增生。

不過五、六年時間，中國政府已經設立了數量超過歐洲全境的行動通訊基地台，網際網路普及的速度也十分可觀。以驚人的氣勢橫掃智慧型手機市場的中國智慧型手機業者——小米的登場，無疑是自然而然，又理所當然之現象。三星雖然也已預料到中國業者的出線，但其速度之快已超越預期水準，所以不得不繃緊神經。目前三星不欲與之正面交鋒，而是採取轉移戰場的策略。但是調查及培育新未來事業需要時間，智慧型手機卻沒能為三星贏得這些時間。

三星電子副會長李在鎔，於二〇一四年十二月三星集團「社長團人事案」上，在追究智慧型手機事業業績下滑的責任時，做出了不知是明智抑或愚笨的抉擇——他將原本有望高升的三星電子ＩＭ

（IT&Mobile）部門社長申宗均降級。新未來事業的挑選與經營業績的惡化，已經是當務之急，遠比預料將耗費三年以上時間的財產繼承、經營權接班與集團分割更要急迫。早在李健熙出事前，財產繼承與接班計劃的核心——三星SDS與第一毛織股票，都在二〇一四年十一月和十二月上市。在此過程中，李在鎔三兄妹以及李健熙過去的部分家臣，手上所掌握的股份市值，也因為股票上市，出現天文數字的差額利潤。

在第三代接班的過程中，暴露出的是三星二十多年來在財產增值與累積上所使用的非法手段和旁門左道，引起社會大加撻伐。雪上加霜的是，二〇一四年十二月初，前大韓航空副社長趙顯娥的「堅果事件」，引發了「財閥第三代財產繼承與經營權接班應該是兩回事」的社會情緒。財閥第三代是否真有能力接班？李在鎔與三星要如何跨越如此的社會壁壘，將是一大考驗。

高單價智慧型手機市場，與蘋果仍有差距；中國以小米為首，對三星和蘋果造成極大威脅的業者們急起直追；蘋果下游業者中，八爪魚般快速擴張事業版圖的鴻海集團、中國暴發戶的空襲、保有原技術的電子強國日本企業的復甦跡象等，都讓世界級ＩＴ企業三星電子和韓國性代表企業三星集團的未來，寸步難行。

無論如何，三星肩負了時代的重責大任。此時，三星應將主力放在能促使其他經濟主體從事多樣性發展的基礎技術或架構平台的製造。再者，ＩＴ成為主體後，也會撼動到汽車業、流通業及勞動密集性製造業。因此除了深入與傳統製造業結合的ＩＴ產業，朝著與特有的企業文化融合的方向擴展之外，別無他法。帶領三星號的領導人，其當務之急不是系統和程序，而是觀點與心理上的革新。

三星是我最耀眼的青春埋藏之地。一九九〇年代初期，當市面上的書籍內容都有關通用汽車（GM）或許會和豐田全面攜手合作的臆測時；專精美國汽車製造業的證券分析師瑪麗安．凱勒（Maryann Keller），就已經寫了一本向通用汽車發出警告的書——《幡然醒悟》（*Rude Awakening*）。在我寫作本書時，我完全不認為三星有危險。但接近成書時，卻感覺三星隨時都有可能倒下。通用在凱勒發出警告後，不過二十年就宣告破產。如果三星也會殞落，那麼或許十年內就會倒下，比通用汽車的二十年還短。因為時代變了，主力產業也與通用汽車不同。

美國人沒有觀察通用汽車二十年的理由或興趣。但韓國人呢？有誰能擺脫三星呢？問題的嚴重性就在於此。

對三星好，就是對韓國好！

第1章。從三星共和國到三星帝國

對三星好，就是對韓國好？三星帝國坐大

瑪麗安．凱勒一九八九年出版的《幡然醒悟》，描述通用汽車殞落的過程，在韓國則以「GM帝國的崩潰」為名翻譯出版。書裡提到一個故事：通用汽車的一名高階主管到某個開發中國家出差，隨身攜帶一台移動式小冰箱，裡面放著自己喜歡的飲料。到了下榻的飯店，因為房間裡找不到適當空間，竟把飯店房間的牆壁給拆了，方便自己安放冰箱。與權力相關的這段插曲，真是太具衝擊性，讓我至今難以忘懷。

凱勒的書，是以一九八〇年代為背景。當時因為石油價格波動，情況十分嚴峻；於是耗油量低、不易故障的日本汽車大舉登場，讓通用汽車面臨嚴重危機。當時通用汽車的執行長羅傑．史密斯（Roger

Smith）試圖進行多樣化的接管併購，但均告失敗。最後，通用不得不拱手讓出汽車業世界第一的寶座，關閉無數的工廠，解雇數萬名勞工。

凱勒在書中指出，通用汽車的問題，就是不負責任的官僚主義：坐在玻璃監獄裡，無視工廠現況；經營系統、高層人事非由工廠出身，而是來自財務部門；管理高層和職員之間的獎勵制度差距太大；組織內的溝通不良等等。讓人訝異的是，一九八〇年代的通用汽車，竟宛如今日之三星。

然而，將三星比喻為一九八〇年代的通用汽車，這真的合適嗎？

二〇一三年，三星的整體銷售量（包括金融公司在內的二十個主要子公司）為三百九十兆韓元（約合三千五百一十億美元），遠超過同期韓國政府一年的預算（三百六十兆韓元，約合三千兩百四十億美元）。三星電子更在二〇一三年七月，於《富比世》（*Forbes*）雜誌每年公布的「全球兩千大企業」中名列第二十名。相較於二〇一二年的第二十六名，一下子躍升了六個名次，成為三星歷來最佳排名。根據《富比世》的調查結果，三星的資產雖只排上第一百四十名，但最後排名是銷售（第十二名）、盈利（第十一名）、期間總營業額（第二十五名）等排名的綜合考量。

三星在企業品牌力的排行榜上，排名第十二。著名的國際品牌顧問公司 Interbrand 於二〇一四年十月公布「全球百大品牌」，三星較二〇一三年上升了一個名次，位居第七。品牌價值則較去年多出一四・八%，達四百五十五億美元。三星電子在二〇一二年，也曾進入前十名。

三星在韓國經濟所占的比重，也明顯表現在有價證券市場中。三星集團上市的二十四家子公司之市價總值，在二〇一四年十一月，已高達三百三十兆五千六百億韓元（約合兩千九百七十五億四百萬美元）；占全體有價證券市場市價總額的二八％。如果再加上即將上市的三星SDS和第一毛織（原三星愛寶樂園），比重更逼近三〇％。三星電子、三星SDI（Serial Digital Interface，串列數位介面）、三星電機等「三星三人幫」在南韓綜合股價指數（KOSPI）內的市價總額比重，也從二〇一四年初的一七．六七％，至同年六月份上升到一九．四四％。

早在二十多年前，「三星共和國」一詞便已經膾炙人口；這個名詞也影射了三星買下以首爾太平路集團大樓為中心，後方西小門一帶的都更土地，部署三星旗下子公司的情況。如今由上述經濟數據，甚至可以說——三星在韓國，已經從「共和國」晉升為「帝國」了。

現在，讓我們把眼光轉向國外。

三星電子在越南，二〇一三年占越南整體輸出的一八%，牽引著越南的經濟脈動。越南在三星電子於當地成立法人開始輸出之前，還是一個慢性貿易逆差國家。三星電子繼二〇〇九年，於越南北部北寧省（Bac Ninh）成立了一座年產一．二億台規模的行動電話製造工廠後；又在附近的太原省（Thái Nguyên）成立相同規模的工廠，自二〇一四年三月起加入生產行列。此外為加速投資腳步，也打算另外追加投資三十億美元，於太原省成立第二座工廠。三星集團子公司在越南已開始進行、或計畫中的整體投資規模，達到了一百一十億美元。

韓國在二〇一四年一月到十月之間，總計在越南投資三十六億美元，固守越南投資國第一名寶座。在日本、中國、香港、新加坡等五十六個國家，於越南的全體投資額共一百三十七億美元中，韓國占二六．三％。尤其新加坡的投資額，大部分都被歸類於三星東南亞當地法人的三星電子新加坡法人。如此的分類，以越南政府的立場來說，可脫離政治上過度依賴某特定國家的風險；而在三星的立場，則可達到活用新加坡國際金融市場，調配大部分投資資金的效果。東南亞的總指揮，由三星未來戰略室戰略一組出身的副社長金文洙擔任。

東協－韓國中心（ASEAN-Korea Centre）貿易投資部經理文起鳳（音譯），對三星在越南的投資表示：

亞洲就薪資水準或薪資調升率來說，比越南低的國家，大概只有寮國和緬甸。綜合考慮勞工的教育水準、手藝、電器、道路等量產製造業的基礎設施時，沒有比越南更好的地方。

三星會選擇越南，已經超越了社會及地理上的意義，可視為越南政府與三星今後將攜手同行一個世代（三十年）。（韓國）國內所爭議的國家財富外流論調，是沒有意義的。

另一方面，三星也在二〇一三年和越南政府簽訂全面性的合意備忘錄（Memorandum of understanding，簡稱MOU），雙方約定在優先順位事業上相互合作，正式擴大對越南的投資。合作的事業包括電力、都市開發、機場、造船、公營事業的情報通訊事業等，事實上已經預告了對越南的全方位投資。

繼一九六〇年代朴正熙政府後，韓國經濟成長的公式，就是由出口和企業來主導的模式。韓國政府採取一種良性循環的方程式，將家庭儲蓄和外國資本全數投注至大企業身上；企業再透過出口賺取外匯，製造更多的工作機會，將所得還給家庭。這種以大企業為優先的國家經營戰略，形成了如今製造出三星等大型企業財閥的生態系統。

而三星到了這個地步，也等於成立了另一條公式——三星若有任何動盪，就等於韓國經濟以及國與國之間的關係也將隨之撼動。過去「通用汽車等於國家」、「對通用汽車好，就是對美國好」的言詞被視為定論；那麼，或許韓國人也該這麼說：「對三星好，就是對韓國好！」

但事實上，果真如此嗎？

凱勒的警告，在《幡然醒悟》一書出版後二十年、即二〇〇九年，真的應驗在通用汽車上了。

二〇〇八年的次貸危機，讓通用的汽車分期付款理財公司「通用財務」（GMAC）受到很大影響；再加上全美汽車公會（UAW）也插上一腳，要求支付退休勞工的龐大醫療費用。二〇〇九年六月一日，通用汽車在美國股市開市前，向紐約法院申請破產保護。當時通用的資產規模為八百二十億美元。以破產規模來看，是美國史上第四位；但以製造業者來說，則是規模最大的。從一九三一年起到二〇〇七年為止，總共七十七年的時間裡，通用汽車一直固守著全球汽車銷售量第一的位置，因此這真的可說是巨人的殞落。

《彭博商業週刊》（*Bloomberg Businessweek*）專欄作家威廉．皮塞克（William Pesek），在二〇一四年一篇題為〈生活在三星共和國〉（Living in the Republic of Samsung）的文章裡，巧妙地將三星比喻為通用汽車，認為三星的殞落，就相當於韓國的殞落。文中對於李在鎔亦有十分直率的評論：

經常笑臉迎人的李在鎔，目前既是韓國最大的希望所在，同時也是最大的問題根源。……市場上已經一致認定，李在鎔為三星實質上的掌門人。股票分析師和投資者只能衷心祈禱，他能成功地扛起三星集團的大旗。

昨日通用，今日三星——只是，三星還有二十年嗎？

連跨兩次金融危機，二〇〇九年如日中天

一九九七年底發生的亞州金融風暴，就連三星也無法倖免。一九九八年十二月，三星在青瓦台舉行政經界聯合懇談會，公布了大宇電子和三星汽車互換旗下事業群的協議。三星最後還是放棄了創辦人李秉喆的夙願——汽車事業。

當年十二月底，三星集團秘書室主管李鶴洙，在一百多名秘書室職員齊聚的歲末尾牙中斷然宣布不發放年終獎金，並承諾：「國外流傳，三星會繼大宇之後倒閉。但三星有四兆韓元（當時約合三十三億兩千萬美元）左右的現金，絕不會發生這種事。不過，還是得做好應對措施。克服危機後，一定會加倍發放這次沒能發的年終獎金。」

當時三星肯定很清楚，韓國的外匯存底不足，也讓集團陷入危機。但以汽車事業的特性來說，卻也不是想放棄就能放棄的。為了量產所拉起的生產線、零組件供應商，以及研究開發設施上的投資均已完成；而勞工雇用等相關產業體系，也複雜地交錯在一起。再者，當時各類金融機構投資的大規模資金，也已經注入。

碰到此類情況，就投資面來說，維持經營成本會比退出更有效率；因此擁有獨特技術能力的汽車製造業者，通常會以調整結構的方式維持事業，這是一般的解決辦法。但是三星正式進軍汽車事業連十年都不到，就果斷地退出了。

二〇〇二年十一月十九日，德國《商業報》（*Handelsblatt*）刊載了以「三星，首爾的利益生產機械」為題的報導。報導指出，三星電子以其優秀的成本結構、進步的生產技術等強悍的競爭力，即使面臨IT危機，也不會受到什麼損害。索尼（Sony）、西門子（Siemens）、飛利浦（Philips）等世界首屈一指的電子業管理高層，也以羨慕的眼光，看著一躍成為競爭對手的三星電子。報導中並指出：

> 之前的第三季，半導體事業群已達成七億九百萬美元的營業收入；快速擴大全球市占率的行動電話事業，淨利則提高至十四億美元，較世界第一的諾基亞（Nokia）有更高的利潤。

……三星已從亞洲典型的零件製造業者和廉價業者型態中脫身而出，一躍成為戰鬥力強大的競爭業者。以讓人措手不及的速度，進入了全球市場。不僅席捲了半導體和薄膜液晶面板（TFT-LCD）的市場，還在行動電話事業上壓倒西門子，躍升至全球第三位。家電部門也足以和索尼、飛利浦一較長短。

二〇〇九年九月底，即使是號稱世界最強的行動通訊業者諾基亞，也在第三季留下赤字；但三星電子卻仍然延續史上最高銷售業績。三星電子第三季以包括海外法人業績在內的合併基準計算，營業收入提高至四兆一千億韓元（當時約合三十五億美元）。這是自二〇〇四年第一季的四兆一百億韓元之後，相隔五年才又提升至四兆韓元以上的營業收入。

這是二〇〇八年全球金融危機下所達成的業績，因此有其不同凡響的意義。三星繼一九九七年亞洲金融風暴後，又一次跨越危機。尤其是在零組件和成品部門，充分展現出全能選手的面貌，均衡地主導國際市場的腳步。在半導體、液晶顯示器（LCD）、情報通訊（行動通訊終端設備）、數位媒體（電視）四種主力事業裡，獲得了均勻的利潤；也等於擺脫過去將半導體和行動電話的獲利，賠在電視和生活家電部門的根深蒂固結構。

二〇〇九年一月，三星電子整合四個現有事業群，改組為零組件事業群和成品事業群。組織改組後，半導體事業群和液晶面板事業群屬零組件事業群，數位媒體事業群和情報通訊事業群則屬成品事業群。組織改組的目的，旨在採取責任經營的方式，重視現場和速度，以期提高效率。同時，也想藉此減少內部不必要的競爭，提升事業群之間的增值效果，強化組織全體競爭力。

二〇〇九年九月二十二日，三星電子的市值寫下一千一百零二億四千萬美元的紀錄。較九月二十一日創下一千零九十三億八千萬美元紀錄的英特爾（Intel），還多出八．六億美元。在二〇〇八年九月金融風暴前，英特爾和三星電子的市值分別是一千兩百六十九億美元和七百六十一億美元，英特爾還多出了五百零八億。一年後，三星成功地超越英特爾，逆轉了整個局勢。

二〇〇九年十一月，創立四十週年的三星電子，跨越了全球性的危機，開啟了新的時代。然而，高處不勝寒，高峰後的挑戰接踵而來。

Part 1

繼承者們

一個天才，可以養活十萬、二十萬人；而一個創造型人才，則能左右國家的競爭力。

——李健熙「天才經營」宣言

第2章。李健熙——遁世的領導者

李健熙的三次危機

李健熙在一九八七年就任會長一職之後，曾遭遇三次關鍵性的危機。

第一次危機，起因於所謂的「北京發言」。一九九五年，李健熙在北京和韓國特派員們會面之際，竟脫口而出：「韓國政治是四流，官僚行政是三流，企業是二流。」因此有很長的一段時間，三星都受到當時金泳三政府的刁難。

北京發言之後的第二年，也就是一九九六年，李健熙因為提供全斗煥、盧泰愚非法政治獻金事件，受到法院審判。當時三星集團為了阻止李健熙到法院出庭，可說是用盡全力，甚至還找來該案法官的大學同學，坐在法庭旁觀席的第一排，以施行心理戰術。這起案件後，三星便強化法務組織，開始向司法界的人士招手。金勇澈律師（譯註：曾任檢察官的韓國知名律師）就是在這一連串波折後，特別聘請進入三星的人物。

第二次危機，起因為二〇〇五年的「安企部X檔案」事件。在媒體報導下曝光的「安企部X檔案」裡，有一九九七年底韓國大選前夕，當時的三星集團秘書室主管李鶴洙和《中央日報》會長洪錫炫，針對提供金援給特定候選人和高階檢察官之姓名、金額等對話內容的錄音。

但檢察官卻以非法竊聽之罪嫌，將強調公益重要性的媒體人，以違反「通訊祕密保護法」的嫌疑起訴。這起案件，讓三星賄賂政界、司法界相關人士的手法暴露無遺。此事也迫使李健熙不得不於二〇〇六年二月，宣布向社會捐贈八千億韓元（當時約合八億三千五百萬美元），並向國民謝罪。

第三次危機，是二〇〇七年三星高階主管金勇澈揭露祕密資金，所引發的三星特別調查案件。二〇〇七年十月二十九日，金勇澈和天主教正義實現全國司祭團（Catholic Priests' Association for Justice）揭發了三星以人頭帳戶的方式，私下保有五十億韓元（當時約合五百五十萬美元）的祕密資金。因此韓國檢察單位成立特別檢察小組，決定對三星的這項醜聞展開徹查。最終，司法單位接受了三星「這筆錢是繼承前任會長遺產」的說法，僅以逃漏稅之嫌起訴。三星則於二〇〇八年四月，做出包括李健熙引咎辭職在內的十項革新方案。

放任式管理

經過上述一連串的事件，李健熙變得越發內向，甚至被稱為「遁世的領導者」。然而從另一個角度來看，隱居所導致的放任式管理、信託式管理，反而讓三星得以成長。但李健熙卻在二〇一〇年，宣布回歸管理第一線。專家分析認為，李健熙回歸的決定性因素，是他一向信賴的戰略企劃室主管李鶴洙有舞弊之嫌，才讓他決定回歸集團經營。

二〇一〇年四月，《經濟學人》（*The Economist*）強烈抨擊李健熙的回歸管理，以及韓國政府的財閥政策。以「困難的財閥問題」和「君主回歸」等專題報導，分析評論李健熙回歸的背景和問題。評論之核心內容則強調：「韓國青雲直上，但必須停止袒護握有莫大權力的財閥。」

《經濟學人》的分析指出，即使在二〇〇九年面對世界貿易萎縮，韓國經濟卻還是能在經濟合作暨發展組織（OECD）國家中，以最快的速度成長；其原因在於韓國政府大規模的刺激景氣政策，擴大了內銷市場和提高財閥外銷的力量。此外，「財閥現在正面臨憑藉階級式經濟結構和王朝式領主結構，難以對應的新型態競爭。」

《經濟學人》接著指出：

不久前，MB（李明博）才特赦了因逃漏稅被判處有罪的前三星集團會長李健熙，讓他得以回歸三星電子會長一職。並希望能放寬讓財閥輕易擁有金融公司的金融控股公司法。

……MB如果想支持什麼人，幫助的對象應是韓國的弱勢者，即受財閥重重壓制的中小企業們。財閥已證明自身是非常成功的資本家，就應該放他們自生自滅。

此外，在另一篇專題報導中也提到：

韓國人在二次世界大戰之後，已經完美地克服了最惡劣的經濟蕭條情況，對於財閥企業和如王族般生活的不可思議的財閥家族，也給予了相當的信賴。……未經理事會認可就自行回歸的李健熙，顯然是將原先引進的西歐式公司治理（Corporate Governance）方法，又退了回去。

《經濟學人》在文末指出：「豐田的家族所有制，可以成為優點，但也可以成為最大的缺點。李健熙似乎並未記取最近這個教訓。」並警告「帝王式經營的危險性」。這與三星從豐田的例子中找到李健熙回歸的合理藉口，是正好相反的論調。

就在韓國國內媒體以批判的角度，開始報導李健熙回歸經營前線的時候，正好爆發了「天安艦」事件（譯註：二〇一〇年三月二十六日晚間，載有韓國海軍一〇四人的天安艦護衛艦，在黃海海域巡邏時突然沉入海底，導致艦上四十六名官兵死亡。後經多國專家組成的軍民跨國調查小組調查後，指該艦乃遭朝鮮潛艇發射的魚雷擊沉），李健熙才得以擺脫全韓國人民的關注。

回歸後的李健熙，只活動了四年多，就在二〇一四年五月十一日倒下，李健熙的三星時代實際上也就此告終。無論如何，三星現在要面對的，是第三代體系的經營權接班。

評價

世人對創辦人李秉喆的評價，是以強大的領導力，在成立企業後使出渾身力量，在人力所及的範圍內，兼顧了所有細部的經營問題。李秉喆在經濟單位規模尚小的事業環境裡，直接管理到最細微的部門，可說是「管理型經營方式」的典型。甚至是為三星集團成為世界級企業奠基的半導體事業，也是由李秉喆啟動的。

一九八七年，因李秉喆逝世而開啟第二代經營體系的李健熙，其特徵是什麼？

李健熙曾在汽車業界的極端反對下，仍執意進軍汽車事業。汽車事業的核心是品質，三星最後雖然撤離汽車事業，但還是發揮了無比的影響力。三星以品質為主的汽車事業，直接刺激了現代汽車集團，日後也以品質作為集團的座右銘，這也可說是李健熙在韓國社會所留下的不可磨滅痕跡。

前三星汽車社長洪鍾萬近期在一次聚會時，曾提到三星參與汽車事業的兩項目的：「第一，是生產體積大的汽車，以期增加國家貿易收支；第二，就是想改善交通事故死亡率一年高達兩萬人的交通文化。」

李健熙從一九九三年起，就強調自己所謂「新經營」的特性，但不管是汽車、影視、流通等各項新事業，都以失敗告終，新經營本身也未能得到好評。包括智慧型手機事業在內，三星電子主要的事業構想，一般認為是來自「多方播種」的經營方式。也就是說，就算大多數的新事業項目都失敗了，但只要其中有一、兩項成功，就能彌補失敗事業的損失。

二〇〇三年一月，《經濟學人》日文版針對李健熙成為集團會長後所展現的經營管理能力，認為三星已從數量成長體系，改變為質量成長體系。此外，也對李健熙的經營管理模式給予很高評價，認為他是一個強調必須時時觀望未來、事先做好準備的領導者。李健熙這種事先準備的經營方式，讓三星電子在一九九〇年代末，即使面臨全世界IT市場不景氣的情況，也寫下史上最多銷售量和最高營收的紀錄，受到眾人矚目。

李健熙登上集團統帥寶座的六年後，也就是一九九三年，他在德國法蘭克福提出「除了妻子和兒女，全部都要改變」的主張，從此進入了新經營模式。新經營模式不僅在商業界，也在整個社會掀起莫大迴響，為三星經營體系的更上一層樓，備妥了跳板。

前三星電子行動電話事業總負責人吳正煥，也參加了李健熙在法蘭克福發表新主張的那場會議。他表示，當時李健熙嚴厲叱責集團的高階主管們，還夾雜辱罵和髒話。於是，個性急躁的吳正煥便趁著休息時間走出會議室，打算寫辭呈。他想，自己又沒做錯什麼，為何必須被李健熙痛斥？就算身為上班族，也感到忍無可忍。後來被後輩和主管一再勸慰，才打消了辭意。

李健熙針對新經營的二期核心課題，提出了三星品牌價值升級與天才經營論。二〇〇三年六月，為了紀念新經營宣言十週年，李健熙發出「天才經營」宣言——一個天才，可以養活十萬、二十萬人；而一個創造型人才，則能左右國家的競爭力。

對於「天才經營」的做法，李健熙表示：「找出足以肩負未來責任的卓越人才，加以栽培。」天才的代表性例子，首推美國的比爾．

蓋茲（Bill Gates）。比爾．蓋茲只要開發出一項新軟體，一年就可以輕易賺到數十億美元，提供數十萬人工作機會。天才經營的縮小概念，就是「核心人才論」。三星所認為的核心人才，是足以主導二十一世紀新事業的人才。換句話說，就是能創造不存在於當世的新事業項目，並憑藉此項目創造需求、引領整個產業的人才；同時，也是主導變化和革新的人才。

三星所依靠的，不是李健熙個人的能力，而是系統和程序，以此挖掘新事業、做出新決策、推定新發展——這是世人對三星的評價。也有人認為，自三星集團退出汽車事業後，就不再有「李健熙的三星」了，只有「三星的企業文化」。反過來說，是李健熙的自由放任主義，才造就了今天的三星。

「李健熙到底做了什麼？」這也是對李健熙個人的另一種評價。

但劍橋大學教授張夏準，在二〇一四年六月接受《時事人》的訪問時，對李健熙有如下好評：

（李健熙）做了了不起的事情，當然有許多人會貶低他，說他不過是子承父業，稍稍擴大了一點規模而已。但在李健熙接班時，三星還只是一家為國外大企業代工的，所謂的OEM業者罷了。過去那樣的三星電子，今天卻在行動電話、半導體、電視機等全世界電子產業的好幾項領域中，占據了第一名的地位。而三星電子也是全球市場中，能獨力生產尖端產品所需之零組件的業者。據統計顯示，蘋果生產一支iPhone（零組件生產和組裝大部分都得委託其他國家），獲利最多的國家是韓國，因為三星把零組件賣給了蘋果。

張夏準教授也提到了三星的錯誤：

三星做錯了很多事，可說是靠著大多數國民的犧牲才得以成長。但後來三星卻發揮影響力，促使政府做出錯誤的經濟政策，讓國民的生活更加艱難。三星在官界、學界都培植三星獎學生，並堅持不成立工會。對於職業災害也不斷推卸責任，導致整個情況惡化。一九九〇年代之後，更擴大了「人力外包」的規模。

李健熙在任期間，三星的發展可從數字上看出來。一般來說，第二代通常很難超越創業的第一代。創業第一代，正如字面意義，是在一無所有的情況下，闖出一番事業的世代。雖然很難相提並論，但很多企業到了第二代之後，不要說有所成長，甚至從此一蹶不振。

然而，相較於一九九〇年代李健熙對事業的積極投入，二〇〇〇年代之後，他採取了隱居、放任的經營方式。當然，也有健康上的問題：李健熙先天患有肺部疾病，因此每到冬天，就會到國外居住數月。

以大部分人不及百年的壽命而論，除去學習和老年的時光，實際上能健康活動的，不過三十到四十年。在如今這個電腦和網路登場的時代，一個企業領導者能做到此番境地，李健熙的經營可謂相當成功了。三星眼下的問題，在於第三代體系。

只要李健熙於法律定義上未真正死亡，就很難完成接班或手足間集團的分割。

第3章。變數重重的接班之路

〇・一%的關鍵持股

二〇一四年十月二十七日，三星向韓國各大媒體發出新聞稿，內容是副會長李在鎔邀請中國和日本的災害保險公司CEO們，在相當於三星集團迎賓館的梨泰院（譯註：首爾市南山東麓的一處地名）承志園共進晚餐。承志園是李健熙於一九八七年繼承已故創辦人李秉喆生前居住的韓國傳統木造房屋後，改建成辦公室兼營賓館；並以繼承創辦人遺志之義，加以命名。有一群人，不僅是三星的職員，也往來於李健熙漢南洞住家或承志園上下班，這群人被稱為「執事」（管家）。承志園和漢南洞住家，都由子公司S-1保全的保全人員擔任警備工作。

當天，李在鎔向金融監督委員會申請取得三星生命（人壽保險公司）和三星火災（產物保險公司）持股的資格許可（大股東變更許可），金融監督委員會也於十月二十九日通過申請。

雖然只不過是〇．一％的持股，但其象徵性卻與眾不同。李在鎔因為是最大股東的特殊關係人，因此即使只買進一股，也有可能成為控股股東；因此在一開始取得股份時，就必須得到金融當局的許可。

金融圈分析，李在鎔之所以要取得三星生命和三星火災的股份，是為了在三星生命的企業分割以及後續控股公司移轉過程中，滿足實物投資（investment in kind）和遞延稅務（deferred tax）的合格要件。所謂遞延稅務是指企業為了資金周轉，在資產出售前，稅金可延遲繳納的制度。但要獲取此課稅優惠，法人或個人在企業分割登記當時，必須持有該企業的股份才行。

如果李在鎔在企業分割前未能持有三星生命和三星火災的股份，在未來三年裡，與特殊關係人之間的交易就會受到限制。此處所謂特殊關係人之間的交易，是指第一毛織、三星電子、三星生命等特殊關係法人和李在鎔之間的交易。李在鎔必須持有三星生命的股份、成為三星生命最大股東的特殊關係人，才能在之後展開三家公司之間的分割、實物投資、換股時，不受任何限制。這也表示，如果等到從李健熙那裡繼承了三星生命的股份後才開始進行交易，就會錯過時機。

無論如何，十月二十七日傳出的兩件消息成為信號彈，宣告李在鎔正式踏出三星集團經營權接班的腳步。

遲來的經營權接班

二〇〇八年擔任專務理事時，李在鎔在一連串曲折過程後，終於達到循環出資（recurring investment，母公司向子公司、子公司向孫公司出資）結構的巔峰，成為愛寶樂園的最大股東。但此時針對經營權接班所採取的措施，卻被批評為「似乎回到一九九六年，愛寶樂園可轉換公司債券（Convertible Bond，簡稱CB）發行前的狀態。」一九九六年時，因為可轉換公司債發行時出現私利的疑慮，讓李在鎔失去了繼承經營權的正當性。

二〇〇六年的三星愛寶樂園可轉換公司債發行事件，也驚動了法務部，當時甚至出現法務部將傳喚李健熙的傳聞，可見事情的嚴重性。此事件被外界視為三星家族不願依法繳納稅金，打算在檯面下繼承財產，故難逃社會大眾的嚴厲譴責。此事件因而成為當時李在鎔無法繼承經營權的暗礁，也延誤了三星集團經營權接班的速度。

為了進行以李在鎔為首的經營權接班，三星集團進入二〇一三年後，便正式進行事業重組。二〇一三年十月所完成的三星SDS（主要提供情報和通訊技術服務）和三星SNS（專注於企業和家庭網路）合併決策，就是一個開端。繼三星愛寶樂園和第一毛織合併、三星綜合化學和三星纖維化學的合併後，二〇一四年九月也公布了三星重工業和三星工程的合併消息，預料將追加進行建設部門的事業重組工作。

確保接班資金——第一毛織與三星SDS股票上市

繼二〇一四年十一月第一毛織（原三星愛寶）的股票上市後，三星SDS於十二月也跟著上市。兩家公司的股票上市，有著讓李在鎔「得以確保集團接班資金」的意義。

第一毛織目前最大股東是李在鎔（二三．二四％），二〇一四年十二月十八日於有價證券市場上市當天，股價從公開發行價格五萬三千韓元（四七．七美元），至收盤價躍升為十一萬三千韓元（一〇一．七美元）。第一毛織的上市，讓李在鎔的身價瞬間暴漲三．二兆韓元（二八．八億美元）。

李在鎔也持有三星SDS一一．二五％的股份，市場原先預估，股票上市後的持股價值大約在一．七至兩兆韓元（一五．三億到十八億美元）左右。但沒想到，二〇一四年十一月十四日上市第一天，持股價格就達到二．八五兆韓元（二五．六億美元）；至十二月初更逼近三．二兆韓元（二八．八億美元）之譜，遠遠超越當初的估值。第一毛織在公開發行申購結束的同時，李在鎔三兄妹的上市差額規模，達到了五．九兆韓元（五三．一億美元）。

兩家公司股票上市前後的宣傳工作，由未來戰略室主導；但三星SDS的股價遠遠超過當初的預期，因此三星有意讓股價稍微冷卻下來。兩家公司的股票上市，讓李在鎔一下子確保了五兆韓元以上的可用現金。如果將這筆現金換成信用方式出售持股，或追加申請股票未上市時不可能得到的股份擔保貸款，就可以獲得更多融資。將此活用為遺產稅及贈與稅的財源，來繼承李健熙所持有的三星電子三．三八%股份和三星生命二〇．七六%股份，就能完成經營權接班。

如果將李健熙持有的三星電子股份之市價，以最大值六兆韓元（五十四億美元）左右來計算的話，李在鎔（長男）、李富真（長女）、李敘顯（次女）、洪羅喜（李健熙妻）等人必須繳納的遺產稅，據估將達三兆韓元（二十七億美元）。

李健熙持有三星生命二〇．七六％的股份、第一毛織三．七二％股份、三星物產一．三七％股份，再加上其他三星旗下子公司的股份，李健熙的身價估計有十二兆韓元（一〇八億美元）左右；其中三星生命持股之市價，大約四．四兆韓元（三九．六億美元）。如果要繼承李健熙的上述所有持股，推測必須繳納的遺產稅及贈與稅，將高達五至六兆韓元（四十五至五十四億美元）左右。

在這些股份中，李在鎔絕對必須從李健熙那裡繼承下來的，是三星生命二〇．七六％的股份。因為三星生命是掌控三星電子的手段，唯有守住三星生命，才能原原本本維持李健熙時代的影響力。一般分析認為，李在鎔透過第一毛織和三星ＳＤＳ股票的上市，方能做出充分的對應方案。不足的資金可利用稅金分期繳納的方式，以三星電子、三星生命每年配股所得的股利來支應。

此外，也可能發生經由贈與來繼承的情況。如果將李健熙的持股贈與公益財團，就可免除贈與稅。如果贈與公益財團，在稅金減少後，李在鎔等控股股東一家人可以再買回股份，這是可能性最高的方案。但購回持股的資金該如何備齊，也是一大課題。

政治力的漩渦

三星仰賴系統和程序之運作，採取掌權者、未來戰略室、子公司社長團三足鼎立的體系。經營權的接班，不是光靠繼承人、股份轉讓之類的轉移就能完成；在韓國社會，被稱為「財閥」的大企業群，還直接受到政治圈的影響。

例如在一九九八年，隨著金大中政府成立，三星也捲入了政治漩渦中。三星在一九九四年進軍汽車事業時，就曾經宣布，要將家電事業部門轉移到湖南政權（譯註：湖南指韓國南部的光州、全羅南北道一帶，金大中即為湖南出身）的政治性故鄉光州。必須進行結構重組的起亞汽車旗下的亞細亞汽車公司，因為在光州經濟占有重要地位，因此就算三星收購了起亞汽車，也只能讓亞細亞汽車原封不動地保留下來。事實上，現代汽車後來收購了起亞汽車，同樣也只能維持原狀不變。

從李在鎔宣布將迎娶湖南一帶代表性企業大象集團的掌上明珠、

當時還是大學二年級生的林世玲一事，可窺見三星在心理上有多緊張。李在鎔與湖南集團企業領導人的女兒聯姻，是三星得以撐過金大中政權的決定性因素之一。與其說，三星的姻親大象集團，帶著具體方案找上執政的當權者關說；不如說過去大象集團與金大中之間的關係，成了最大的助益。眾所周知，長久以來始終維持在野黨身分的金大中，數十年來從湖南企業得到物質與心理上的莫大支援。林世玲的母親朴賢珠，也是錦湖集團（譯註：韓國十大財閥企業之一）創辦人的女兒。然而，李在鎔與林世玲的婚姻，最終還是以離婚收場。

李健熙生命之存續，影響接班布局

首先假設李健熙逝世後的情況：長男李在鎔，將以三星電子副會長的身分繼承集團經營權；同時長女新羅酒店社長李富真、次女李敘顯，也會分得子公司的經營權。

自去年李健熙的健康惡化後，集團經營權就轉為以「回歸李在鎔」為中心的體系。原先屬於舊第一毛織的部門，歸到電子事業群裡的三星SDI。化學事業群的持股中，李富真和李敘顯的持股比例雖高於李在鎔，但如今正朝向以李在鎔為中心的改組，將使李在鎔的持股增加。在「第一毛織→三星生命→三星電子→三星物產→三星信用卡→三星SDI→第一毛織」的循環出資結構下，只要李在鎔能掌握第一毛織，就能掌控整個集團。

然而，在二〇一四年十月三十日，三星信用卡宣布：「隨著第一毛織股票上市，將處分所持有的第一毛織四・九九％的股份。」

如此一來，將使三星信用卡和第一毛織之間的循環出資結構消失。而這也被解讀為，三星集團已開始著手解除循環出資的狀況。

金融與商業分離，雖然危險性甚高，但目前韓國政府正想辦法將此危險性降到最低。如果要三星生命不出售三星電子的持股，那麼李在鎔接班結構最重要的關鍵，就是必須順利繼承李健熙持有的三星生命二〇．八％的股份和三星電子三．四％的股份。

問題是，只要李健熙仍在世一日，就很難完成接班或手足間集團的分割。再者，雖然過去新世界集團（譯註：由李秉喆的么女李明熙繼承）或希傑集團（譯註：又名CJ集團，前身為三星集團的第一製糖，後由三星長孫李在賢接手）從三星分離出來後，經營十分成功；但看到諸如Saehan集團（譯註：由李秉喆次子李昌熙創辦）或Hansol集團（譯註：由李秉喆長男李仁熙創辦）經營不善，不是宣告破產、就是資金短缺，第一毛織社長李敘顯脫離三星集團出走的可能性不大。李富真的新羅酒店，看來也不會輕易立即從集團中分割出來。

洪羅喜的影響力

面對第三代經營權的接班，除了事業結構改組之外，和李健熙妻子洪羅喜家族之間的關係，也已做好分割。

三星康寧精密材料公司（Samsung Corning Precision Materials，三星顯示與美國康寧合資成立）的持股，在二〇一三年十一月以前，康寧為四九．四％、三星顯示四二．六％、《中央日報》會長洪錫炫為七．三二％。三星顯示在二〇一四年一月，以二兆零一百三十五億韓元（約一八．一二億美元）的價格，將所持股票賣給康寧。取而代之的是，三星買入康寧的可轉換優先股，並和康寧簽訂事業合作協約，以便在七年後轉換成普通股，以持股七．四%成為康寧的最大股東。

洪錫炫在二〇一三年十一月，康寧精密材料公司期中配息之前，就已拋售手中的持股。據悉，之前洪錫炫取得的配息金額，二〇一〇年為兩千四百六十四億韓元（約二．二一億美元），二〇一一年為一千三百億韓元（約一．一七億美元），二〇一二年為九百七十五億韓元（約八千七百七十五萬美元）。對照三星顯示出售康寧精密材料四三%的股份所得的十九億美元來看，洪錫炫持有的七．三二%股份，粗估市價也將達到三千四百億韓元（約三．〇六億美元）之譜。證券界人士分析，如果再加上保留盈餘（指公司歷年累積之純益，未以現金或其它資產方式分配給股東、轉為資本或資本公積者），洪錫炫將可保有六千億韓元（約五．四億美元）的現金。

藉由出售康寧精密材料的持股，讓李健熙和妻弟洪錫炫之間僅存的持股關係，全部清算乾淨。對洪錫炫來說，他需要資金投資中央東洋廣播（JTBC）；對三星而言，面對經營權接班，有必要處分持股。因為按照韓國民法和繼承法之規定，一旦李健熙去世，配偶所繼承的股份，會使洪羅喜意外地有更多干涉集團經營的空間。

韓國法務部目前推動中的繼承法修正案之主要內容規定，遺產的五〇%將優先分配給配偶，並且此部分將不予課徵遺產稅或贈與稅；剩下的五〇%，則由子女和配偶一起按照繼承比例規定再次分配。這和現行規定的配偶一．五（六〇%）、子女一（四〇%）的繼承比例相比，修法後配偶可以拿到更多。如果按照此項修正案，李健熙去世後，遺產的六六%將歸洪羅喜所有。

不只如此，繼承法修正案還規定，配偶優先取得的五〇%遺產將可免於受遺囑的影響，優先受到保障。若依照現行法，配偶只能取得遺產的一六．七%。這代表的意義是，一旦修正案通過，就算經營權轉移到李在鎔手裡，但因洪羅喜分得的份額較高，李在鎔終究無法脫離母親的影響力。

自二〇〇七年到二〇一〇年之間，僅僅因為李在鎔體系成立在即、洪氏家族的人不便續留集團內部這個理由，洪氏一族在三星內部擔任高階管理職者，已全數退出。但如果李在鎔沒能成為掌權者，僅成為一個控股股東的話，就無法完全排除洪家人再次進入三星集團的可能，因為他們可以打著自己全是專業經理人的旗號。

洪羅喜的大弟洪錫炫是《中央日報》會長、二弟洪錫肇是BGF Retail（譯註：物流業者，也擁有連鎖便利商店CU）會長、三弟洪錫埈是寶光創投會長，至二〇〇七年八月為止，曾任三星SDI副社長。四弟洪錫珪是寶光集團會長，妹妹洪羅玲是三星美術館副館長。洪羅喜的某位表親，至二〇〇九年為止在三星電子北美事業部擔任專務理事，也是強烈建議三星智慧型手機事業進軍美國紐約當地市場的實務者。

李健熙有無遺囑？

三星集團以李在鎔為首的經營權接班，首先還是要以李健熙有變故或去世為前提，才有可能實現。雖然韓國社會不曾公開出現李健熙成了植物人的說法。但上班族、中小企業者只要聚在一起，一定會聊到李健熙的情況和三星的未來。三星的經營權接班，已經成了全民話題。

李健熙病倒之初，一般都傾向李健熙沒有立遺囑的說法。但是與李健熙之變故有密切關聯的泛三星家族內部，卻朝著「有遺囑，但內容不夠完善」的方向解釋。二〇〇〇年，現代集團會長鄭周永失去正常意識後，遺囑遭到推翻，並且上演了「王子鬩牆」的戲碼。三星能免於重蹈覆轍，真是不幸中的大幸。

遺囑的內容，若是記載由長男李在鎔為首接班，就不會有太大問題。萬一內容不夠明確，將使洪羅喜的影響力變大，極可能在李在鎔接班的過渡期充分發揮其持股份量，全盤影響集團的運作。

三星集團的經營權接班，雖受法律、制度及社會規範所影響，但掌握遺產繼承有利點的洪羅喜，仍是重要變數。在經營權接班的過程中，雖然目前洪羅喜大力支持李在鎔，而將李富真排除在外；但無論如何，最能影響洪羅喜的勢力，還是洪錫炫等洪氏親族。雖然直到目前為止，表面上暫時看不出有此跡象。

經營權爭奪戰

雖然當初李健熙的接班過程也非完全順利，但二代的接班是在創辦人李秉喆在世期間完成的，故沒有出現太大問題。李在鎔為首的經營權接班以及其他子女的財產繼承，在李健熙還沒病倒前，也已規劃好大概的藍圖；李在鎔、李富真、李敘顯三兄妹的手足之情，也不成問題。

而可能會發生的各種突發事故中，最難堪的情況，很諷刺地就是李健熙的長期生存。也就是說，如果李健熙長期以植物人的狀態生存，在法律上就無法繼承。在此種情況下，因為缺少死亡後繼承的事實，自然不會課徵妻子和子女因繼承而必須繳納的稅金，但三星集團的分割也同樣也無法完成。

李在鎔為了掌握經營權，一旦李健熙在法律上被認定為死亡，就必須繳納遺產稅。除去盯著短期差額利潤的外國基金，還有誰對三星電子的經營權虎視眈眈呢？一般的看法，最有可能是前副會長李鶴洙。如果他出售上市後市值約一兆韓元（約九億美元）以上的三星SDS股份、再賣掉自己名下的幾棟大樓，收購三星電子的股份呢？財務部門主管金仁宙、崔道錫等人，也都擁有數千億韓元的身價。

但也有專家推測，李鶴洙、金仁宙等人所持有的三星SDS股份，其實是李健熙的借名（借用他人名義）股份。然而，知道真相的李健熙已成了無法言語的植物人，幾乎不可能再恢復意識，出面主張自己的權利。就算奇蹟似地恢復了，也幾乎很難再取回這份權利。

從三星集團內部職員因借名持有股份而引發訴訟的幾件案例來看，借名所有者在判決中都取得勝利。因此已經六十多歲的李鶴洙，只要他名下的股票上市，隨時都能賣掉而獲取以兆（韓元）為單位的現金。那麼李鶴洙會怎麼做呢？

前副會長李鶴洙所保有的現金、房地產、股票等為外界所知的資產，據估約有兩兆韓元（約十八億美元），算是一名鉅富。和必須繳納高額遺產稅才能取得李健熙股份的李在鎔相比，李鶴洙只要在證券市場撤下現金、交一點證券交易稅，就能買入三星電子的股份。這兩人之間難道不可能發生經營權之爭嗎？

依然不穩的掌權結構

在李健熙於法律上未死亡的狀態下，李在鎔勢必得在防範手足不和的同時，帶領整個集團。另一方面，還得接受集團中擁有巨大影響力的前任、現任最高經營主管們的各種要求，在安撫他們的同時帶領三星向前衝。

近期，大眾普遍認為景氣下滑的情況十分嚴重；尤其老百姓們實際感受到的景氣，就更不用說了。如此一來，圍繞著三星經營權接班的爭議，似乎就被推到社會議題之後了。站在李在鎔的立場，這樣的氣氛似乎也不壞。取而代之的是，社會的關注正逐漸轉移至事業營收的現實問題。因為缺乏可在短期內看到成果的新未來事業，因此李在鎔面臨不得不將權限下放給智慧型手機事業總負責人申宗均，並縮減下層組織社長們的情勢。

二〇一四年十一月二十三日，《華爾街日報》報導了三星電子IM事業部社長申宗均遭到撤換，以及與家電事業群合併的消息；但二〇一四年十一月二十七日，當李在鎔前往日本出差時，同行者卻是申宗均。是否申宗均有所反彈、或者有其他變數？無從得知。重要的是，最終人事決議被推翻了，是既成之事實。

未來，三星的高階主管們對李在鎔和洪羅喜的效忠競爭，勢必非常激烈；並且在此過程中，各繼承者或其親信之間，也不排除將發生衝突。因為三星內部的持股結構實在太過複雜，就算李在鎔完成經營權接班，但管理結構的不穩定性依然存在。

要從皇太子成為皇上，是一條佈滿荊棘的道路。

大韓民國社會對領導者的期望，屬於一種情緒上的共識。遺憾的是，本質上十分人性化的李在鎔，實際上給人的印象，卻像個僵硬的機器人。

第4章。三星王子李在鎔接得了班嗎？

最近看到某日報刊載李在鎔的相關報導，副標題則以「ＪＹ」來指稱李在鎔，令人頗有感觸。五十歲以上的世代，很熟悉金泳三、金大中、金鍾泌這幾位合稱「三金」的政治家，每次在報紙上看到他們的消息時，總是以英文縮寫ＹＳ、ＤＪ、ＪＰ來替代。而代表李在鎔的縮寫「ＪＹ」，原本是三星內部職員之間所用；然而，看到李在鎔的名字縮寫成了一種普遍性的認知，可見三星已深深烙印在一般人的心目中。

三星王子的失算

外電對外資持股超過五〇％的三星電子，特別關切。西歐新聞媒體雖然對三星以及家族集團只有概略性的採訪，但日本新聞媒體的採訪就非常具體，有很多是日本企業感興趣的高端情報。二〇一三年九月，《日本經濟新聞》就刊登了標題為「三星王子的失算……日本為難」的報導，將三星與夏普成立合資公司告吹的責任，全數歸咎到李在鎔身上，引起世人的關切。

據《日本經濟新聞》的報導指出，二〇一三年七月五日，李在鎔拜訪了位於東京霞關的經濟產業省，要求協助與夏普協商中的影印機合資公司成立事宜。在李在鎔看來，花了將近一年心力的這項祕密計畫即將成功，現在是只差臨門一腳的最後必經程序了。

三星對夏普的影印機事業感興趣，是因為李健熙曾說過：「十年後，現在的主力事業可能一個都不剩。」三星於是開始挖掘新的營收來源，在銷售穩定的B2B市場裡尋找機會。於此過程中，三星在影印機事業裡看到了發展性，於是便將目標鎖定在資金周轉困難中掙扎的夏普。三星對此採取了慎重而縝密的態度，並未馬上提議合作生產影印機，而是以資金援助和從夏普購買ＬＣＤ平板，作為事前的鋪墊。當時，夏普正陷入嚴重的清償能力危機中。

李在鎔於二〇一二年十二月底，拜訪了夏普位於大阪的總部，與會長片山幹雄、社長奧田隆司會面。此次會面中，夏普要求三星給予資金上的援助，李在鎔也決定出資一千億韓元（當時約合九千三百五十萬美元）以上；此外，並約定好將從開工率下跌的龜山工廠，接受電視機用三十二吋ＬＣＤ平板的大量供貨。

《日本經濟新聞》將三星這種超乎尋常的提案，解讀為意圖與夏普締結包括影印機事業在內的緊密合作關係；並獲得「未獲三星同意，不得將影印機事業賣給其他公司」的優先否決權。《日本經濟新聞》以「熟柿」來形容李在鎔的策略，也就是默默等待時機成熟之意。換句話說，就是現在先給予資金援助和產品訂單的大禮，以等待日後影印機合作的時機到來。

然而，正逐漸步入正軌的影印機合資公司成立事宜，最後卻一無所成。李在鎔雖然握有全權，但眼見日本的牴觸情緒，甚至做出最大的讓步——三星願意將出資率降到五〇%以下，並且不會立即干涉銷售以外的開發工作。但最後，協商還是破裂。《日本經濟新聞》分析，李在鎔有兩點失算：第一是對方的變化，第二是夏普裡外的反彈。

曾經是李在鎔協商對象的片山幹雄和奧田隆司，因為夏普的管理不善，下台走人。李在鎔和突然被拔擢為代表理事的社長高橋興三之間，未曾謀面；再者，高橋興三是在影印機事業裡成長茁壯的人物，他看穿了李在鎔的提案，用意在影印機合作事業，因此果斷地終止協商。也就是說，李在鎔竟然錯過了最重要的情報——對手公司的權力結構和管理高層的變化。

此外，李在鎔也忽視了夏普和日本經貿界對三星的反彈。《日本經濟新聞》指出：「雖然多少有心理上的準備，但日本對於三星在全球LCD市場裡的激烈競爭，感覺非常不愉快。」新聞中也指出，日本政界和官界的「反三星」情緒也不容小覷；在此還加進美國家電銷售業者不希望三星進入，破壞市場穩定的否定性看法。

《日本經濟新聞》表示，李在鎔雖然做好了事前的萬般準備，但最後還是讓大魚跑了。這下必然深切體認到，「日本還是不可小覷。」三星為新的賺錢事業所尋求的重要計畫，就此告吹。只留下李在鎔的經營管理能力，被打了一個問號。

三星的日本通典範

與日本人做生意，人脈是很重要的。一九九四年，日產汽車決定將技術分享給三星集團的關鍵性背景，據傳就是因為日產汽車對當時的計畫負責人、出身於現代汽車的三星副社長鄭宙和其人信賴有加之故。

二〇〇六年，據中央大學李南錫教授表示，當他為了準備博士論文而訪問鄭宙和的時候，鄭宙和表示：「日產會提供三星技術，是因為當時三菱汽車中村會長的推薦。」鄭宙和說，當他還在現代汽車任職時，曾經和提供技術給現代汽車的三菱汽車中村會長一同進行新車款 New Debonair 的共同開發計畫。

當時接到三星要求提供技術，還頗為煩惱的日產汽車社長辻義文，將此事告知好友、即三菱汽車的中村會長。中村會長說，如果三星方面的計畫總負責人是鄭宙和，那就絕對沒有問題。因此，日產才會決定將技術提供給三星。

李健熙和李在鎔都曾經在日本留學，李健熙每年也會在日本住上幾個月，他的居所就位於以豪宅著稱的東京品川區。李健熙住在琉球時，還把掛著品川牌照的車輛空運到當地。李健熙對日本社會和日本財經界瞭如指掌。因此和日本企業的合作事業，往往大部分都能成功。然而，即使自三星創辦以來和日本有過許多合作、也一舉成功的豐功偉業，還是犯下了如此失誤。但把過錯全數歸咎於李在鎔個人的能力不足，多少還是有未盡公平之處。

就日本的事業來說，企業領導者個人的氣量和人脈，比系統和程序更重要。和李秉喆、李健熙時代不同，在日本沒有什麼根基的李在鎔，必須獲得三星內部日本通的協助才行。

位於東京的三星日本公司，另有一個不同於首爾秘書室的東京秘書室。三星日本公司的社長，一般都由三星秘書室的秘書組長們來擔任。二〇〇四年自三星人力開發院顧問一職退休的鄭埈明，就是一九八七年李健熙就任會長時的秘書室秘書組主管，曾任三星電子東京分公司社長、三星日本公司專務理事、副社長、社長，可說是三星日本通的代表性人物。

鄭埈明是有名的便條狂、讀書狂，擁有即使不喝一杯酒，也能和在座的人打成一片的才華。擔任秘書室主管時，鄭埈明以直言出名，只要李健熙沒有按時出勤，他就會說：「請您準時上班，準時下班。」

李健熙看中了鄭埈明的才華，拔擢他到三星電子東京分公司擔任社長，一路培養成三星的日本通典範。鄭埈明不僅能洞悉數位家電部門的全球動向，他的日文甚至比母語韓文更為流利，是一位對日本電子、汽車業界人脈均瞭若指掌的人物。

與夏普的合作事業，關係著李在鎔的成就。而這項合作事業的失敗，已經證明三星內部在鄭埈明之後，缺乏足以負責日本市場的日本通。

李在鎔的失敗檔案

二〇〇六年曾經流傳過一則消息，三星電子副會長尹鍾龍寫了一封信給李健熙，反對由李在鎔來接手三星集團的經營權；而尹鍾龍本身，據聞當時是李在鎔的經營管理導師。

之所以會出現這樣的傳聞，據說是因為李在鎔（當時是專務理事）不顧尹鍾龍的反對，堅持興建二・七兆韓元（當時約合二十九億三千萬美元）規模的八世代液晶面板工廠。這是三星和索尼以五十對五十的比例，在忠清南道湯井（現名溫陽）園區，合作興建「S-LCD」的計畫。

索尼過去席捲了全球的電視機市場，但自從液晶電視普及後，全球市場的主導權就被三星搶走了。但從三星供貨的LCD平板所製造出的索尼新一代平板液晶電視BRAVIA，在二〇〇五年秋季上市後，讓索尼重新登上顛峰寶座。索尼的平板液晶電視，在北美和歐洲等地的銷售量都呈現穩定的成長，成了索尼復甦的最大功臣。

李在鎔雖然在二〇〇四年註冊為S-LCD的理事，但卻在二〇〇八年去職。之前李在鎔直接參與的事業，還有二〇〇〇年前後的e三星等網際網路事業。這些事業，都是當時結構調整本部財務組，基於讓外界看到李在鎔的能力為目的所進行的。然而隨著風險投資的泡沫破滅，大部分均以失敗告終，而其風險則由旗下子公司來承擔。但也有人認為，e三星整體的事業並非全部都沒有發展，少數幾項事業還是獲取了不少利潤；只不過是財務組太草率，全都給收拾掉了。

三星到目前為止，一直專注於製造輿論，以期讓社會接受第三代的經營權接班。李在鎔和參謀群為了促使經營權能成功地接班，體認到必須透過社會協商和提出新的展望，建構出超越李健熙領導風格的獨特性，也就是創造新的未來成長動力，以超越目前三星爭議最大的智慧型手機。

李在鎔不為人知的小故事

近來李在鎔頗為人性的一面，讓大家耳目一新。然而，他人性的一面，對於身為三星集團最高領導者來說是否合適，還在眾人觀望之中。

李在鎔是首爾大學東洋史學系畢業，學號八七開頭。前代會長李秉喆把孫子考進首爾大學視為三星第三代的一大盛事。但成了首爾大學學生的李在鎔，據說在大一上學期第一次期中考時，竟找上學號八五開頭的學長R來代考公民倫理科目，讓R給狠狠地訓了一頓。R在二〇一二年私下透露：「替他去考試，其實也不是什麼困難的事，早知道就幫他代考了。真是平白錯過了一個可以和他親近的好機會。」說完也忍不住苦笑。

首爾大學文學院和歷史相關的學系，除了東洋史之外，還有西洋史學系、韓國史學系。東洋史學系傳統上維持少數（二十人以內）學生定額入學的制度，和其他歷史學系相比，畢業生人數不多。東洋史學系的授課內容有一點很有意思，就是完全不教授韓國史。因此東洋史學系畢業的學生們，如果不自行另外學習韓國史，可以說對本國史並無太多理解。

李在鎔也是一樣，對包括中國史在內的東洋歷史十分熟悉，但卻對韓國史不太清楚。以東洋史學系為主的東洋史學會，在一九八〇年代的首爾大學學生運動裡，扮演了重要的理論性核心角色。即使是在一九八七年民主化示威當時，也是以學號開頭八三、八五的學生們為主。據說，李在鎔當時在三星的徹底管束下，完全不參與示威行動。

李在鎔在二十歲出頭時，參加了在韓國舉行的國際騎馬大賽，得到了金牌和銀牌。一九九〇年，又在三星國際馬場馬術大賽裡拿到金牌。一九八九年舉辦的第二屆亞洲騎馬選手權大會中，他參加障礙賽團體項目，獲得了銀牌。

李在鎔也在日本慶應大學攻讀碩士，聽說當時在秘書室企劃組工作的汽車零件業者朴姓社長，在上司的指示下，對李在鎔的碩士論文給予相當多的協助。

李在鎔並非一開始就進入美國哈佛大學商學院就讀，而是先進入相對來說較容易入學的，相當於公共政策、行政研究所的甘迺迪學校。據說也獲得倫敦政經學院（LSE）畢業、當時在三星秘書室工作的前友利金融集團會長黃永基，和哈佛大學畢業的慶熙大學朴教授的諸多幫助。

李在鎔在哈佛大學到實習結束為止，據說成績十分優秀。之所以中斷課業，乃是因為李健熙一九九九年底在德克薩斯醫學大學安德森癌症治療中心（MD Anderson Cancer Center）接受肺癌治療的緣故。當然，他對網路泡沫時期的風險投資事業的興趣，也有很大的影響。

當妹妹李允馨在美國自殺身亡時，據說李在鎔跑到首爾惠化洞的圓佛教寺堂裡，沉浸在深深的悲痛中。作為一個人，難過和傷心在所難免，這也是無可奈何之事。從某些方面來看，以一個大企業的領導者而言，李在鎔充滿人性的一面，或許也可說是一個優點。但是在延續三星的接班布局上，或許會被批評為與李秉喆、李健熙不同，不夠剛毅果斷、太過懦弱。

李在鎔身上還被貼上了一種標籤。一九九五年的李在鎔，以收購非上市公司如S-1保全公司和三星工程公司的股份為開始，陸續收購旗下其他非上市公司的子公司股份和有價證券。在此過程中，因而暴露出程序上或收購價格等問題，因而遭到韓國公民團體的強烈抨擊。

二〇〇〇年五月，李在鎔以資本金一百億韓元（當時約合八百七十萬美元），成立e三星。二〇〇〇年底，李在鎔的網路事業以e三星為中心，總計達到十六家（包括私人的投資公司在內）。有部分看法認為，李在鎔當時會從事網路商貿事業的背景之一，乃將之視為經營權接班前的整地工作之一。當時因為贈與疑慮等事件，社會輿論對李在鎔的觀感不佳，為了扭轉輿論，必須要在客觀上證明他的管理能力。只要網路事業能成功，就能達到平息輿論的效果。

不穩定的領導能力

二〇〇八年，爆發了愛寶樂園可轉換公司債券的事件。在法院進行與愛寶樂園可轉換公司債券相關的審判過程中，三星仍持續推動由李在鎔接手經營權的工作。李在鎔於二〇〇七年由常務理事晉升為專務理事，同時被任命為首席文化官（CCO）。由此可見，外界如何與他無關，李在鎔仍舊朝著三星集團的巔峰位置前進中。

與父親李健熙接手三星經營權的時候不同，李在鎔在集團經營上，接受了直接、間接干涉的參與型、開放型經營課程。也有人認為，從那時候開始，李在鎔體系實際上已開始啟航。事實上，除了他所屬的三星電子CCO直轄組織之外，戰略企劃室各組主管，必須向他報告集團現狀，三星經濟研究所也時時召開由李在鎔主持的會議。

二〇〇七年初，三星因為公關組主管李淳東從戰略企劃室主管輔佐官的位子退下，新舊公關小組之間的不和，導致與新聞媒體間的關係不太順暢。就在此時，李在鎔的大學同系學長、也是MBC前新聞播報員李仁用，被三星電子挖角。針對此事，商業界一般認為，這也和李在鎔體系的啟航有關。

世人對於李在鎔，始終不曾停止懷疑。因為大家擔心，萬一他決策錯誤，導致不可挽回的結果，將對三星集團和韓國經濟帶來極重大的負面影響。以下是《電子新聞》在二〇一四年四月和三星電子之間產生齟齬的時期，針對李在鎔報導的部分內文：

李在鎔如果成了三星電子最高領導者，會汲汲於短期成果，積極推動危險係數高的大部分計畫。就拿最近成了重點，正在進行中的中國西安半導體工廠興建計畫來說吧。儘管強烈憂心半導體核心技術會在中國外流，但李在鎔反而更致力於推動西安計畫。現在雖以所謂「進攻廣大中國市場」的瑰麗展望來包裝，卻也令人深深憂慮，今後是否會成為威脅韓國半導體產業的回力鏢，反擊回來。

對於中國西安計畫，我持保留看法。中國境內的大型計畫，想進去不容易，想撤掉也很困難。雖然所有的事業部門都是如此，但如今除了中國，幾乎沒有什麼可進行的事業。中國在二〇〇〇年之後，一直堅守「沒有技術，就不給市場」的政策。以下是《Money Today》北京特派員宋基永赴西安當地，回來後所寫的一篇分析報導：

> 儘管擔憂技術外流，但三星仍做出如此決策，乃出於想在全球IT企業的生產據點、也是占全世界NAND Flash市場

五〇%的中國一地，決一勝負的想法。三星採取的策略是，一方面就智慧型手機、電視機、白色家電成品市場，與中國業者們競爭；一方面也想強化在技術能力上遠超過當地業者的記憶體半導體、LCD平板等核心零件部門。

這也符合三星電子不錯過投資時機的策略性判斷。兩個領域（成品和核心零件）都是大型加工產業，進入二〇〇〇年代後，在日本對投資出現遲疑之際，韓國搶占先機，登上了全球最強者的寶座；並且以日本作為負面教材，面對中國的大規模投資攻勢毫不退縮，正面對決。韓國IT業者們為了不重蹈被自己擠下的日本覆轍，需要這般極端擴大搶占市場效果的策略。這種確保「下一世代技術」，築起技術高牆的策略，是有必要的。再者，也必須開發出足以震撼全局，具有創意的產品。因為在製造成本上算得上是全世界最強的中國IT業者們，其弱點就是缺乏開發新產品的能力。

三星已經在中國這個全球最大的智慧型手機市場，逐漸喪失競爭力。宋基永特派員的看法，我全盤同意。三星對中國的策略，是以三星最強的優點——半導體的核心零件為主，進行重組。循此脈絡，就能理解李在鎔終結與蘋果專利訴訟的同時，也想重新供應核心零件給蘋果，尋求和解的姿態。

李在鎔在事業策略、人事布局、接班過程中，沒辦法表現出個人獨特的哲學色彩，明顯受到周圍的影響。最具代表性的例子，就是三星集團的三星電子化。集團整體事業太過偏重電子事業，形成了騎虎難下的情況。

負責經營三星的李在鎔缺乏平衡的視角，原因便在於，他受限於過去所參與之事業經驗和周圍人脈的限制。李在鎔早已失去在美國奇異電器公司（GE）所學到的，製造與金融領域事業之間的平衡感。

現代汽車在二十餘年前便以合資的方式，進軍中國大陸。當時的中國在社會主義當道的情況下，在結構上即使中國合作夥伴只占二〇%的股份，現代汽車也無法確實地行使經營權。當時負責中國事業的，是已故的會長鄭世永。二〇〇〇年王子鬩牆後，現代汽車的經營權落到了會長鄭夢九手上。接著，鄭夢九就把金融事業交給女婿丁太暎負責，丁太暎成功地從奇異電器公司招攬到十億美元的投資。

現代汽車事業在所謂汽車分期付款的金融事業中，開花結果。現代汽車集團躍升為「年銷售八百萬台」的全球第四大汽車業者後，決定擴大進軍中國市場，背後自然有現代融資公司來支援。中國現在正逐漸放寬包括開放信用卡市場在內的金融市場，但三星卻只將力量集中在三星電子上，以至於沒能培養全球金融市場的專門人才，或建構事業力量。三星電子在包括西安在內的各個角落，都投資了數百億美元，就算李在鎔與被《時代》雜誌戲稱為「皇帝」的習近平維持再好的關係，三星除了在當地可以穩定銷售零件之外，並未能發揮相對於大型投資的協商能力。

韓國與中國在國與國之間的競爭上，事實上沒什麼意義。剩下的，只有都市之間、地方自治團體之間、企業之間的競爭而已。中國和香港的一國兩制，能維持多久還是未知數；由數十個少數民族組成的中國政治體系，在經濟的成長下，如此大一統的國家型態還能維持多久？也是個問題。社會學家認為，革命的發生，比起絕對的貧困，更容易形成於相對的剝奪感膨脹之際。

中國政府為了對應此種情況，從十年前就開始加快內陸開發的腳步。因此三星在深入內陸的城市西安進行尖端科技的投資，自然會受到中國政府的熱烈歡迎。只是，就算將生產線放在當地，但核心的研究開發中心等，還是設置於韓國國內較為恰當。

李在鎔的個人形象管理

李在鎔據說自十餘年前開始，就考慮到經營權接班的問題，而成立了「PI專門小組」。PI是President Identity的縮寫，也就是以「個人形象管理」為目的之意。不論是微軟的比爾．蓋茲，還是獲得諾貝爾和平獎的金大中，為了提升國際形象，都找來國際公關公司量身打造。PI小組的成立，就是想展開類似的公關策略，因此特別找了為微軟和金大中打理形象的國際公關公司愛德曼（Edelman）來負責。

李在鎔PI策略的核心，在於和握有正統權力或經營權的國外政治人士或企業領導者們之間的應對交流。

李在鎔曾經迎接G2高峰（譯註：指美、中最高領導人）：二〇一四年四月美國歐巴馬總統、七月初中國國家主席習近平，李在鎔都親自迎接，說明三星的革新產品和在中國國內主要事業的現狀。此外，也集中於與企業人士，如Google的賴利．佩吉（Larry Page）、臉書的馬克．祖克柏（Mark Zuckerberg）等企業領導者會面。

然而，公關專家卻對李在鎔的公關策略有所微詞。他們認為，公關必須有明確的目的才行。因為目的不同，所採取的策略和戰術就會有所不同。再者，隨著目的不同，又可分為市場公關（Market Public Relation）和企業公關（Corporate Public Relation）。

三星的企業形象，通常採企業公關的方式，社會貢獻也屬於企業公關的一種。市場公關，具體來說是銷售產品時所使用的方法。賈伯斯的 iPhone 新產品發表會，就屬於市場公關，也是中國的小米等公司所仿效的策略。美國國際家電博覽會（CES, Consumer Electronic Show）也是在量產前以市場為對象，發表廣告創意產品，帶有強烈的搶占市場之意味。

汽車業者在發表新車時，CEO 會直接上台。但李在鎔的形象塑造，卻是產品和企業形象各自為政。怎麼看，都有讓人誤以為他想踏足 IT 業界或國際政界的錯覺。李在鎔和三星的對外公關策略，實有變更之必要。Galaxy 的新產品發表會上，李在鎔應該直接上台，積極協助銷售。對於自家公司製造的產品，應該多展現一些熱情。

李在鎔目前的公關策略，不太合乎「三星繼承人」此定位的公關目的——不是與美國IT業界的天才們相談甚歡，就是與中國、越南的國家領導者來張僵硬的合照。如今，應該早日回到「企業領導者＝商人」的本色。不論是李秉喆或李健熙，即使帶著商人形象，也依然被視為足以影響整個社會的領導人物。李在鎔目前的公關策略，只給人強烈的憑空搭上便車者的形象。

小米成功的核心祕訣之一，就是當中國二十歲、三十歲世代的年輕人，對政府公務體系的貪腐和嚴重的貧富懸殊失去希望之時，執行長雷軍針對這些智慧型手機的主要顧客群，反覆強調自己和他們站在同一陣線，彼此相互溝通。

今後三星可能出現的危機，或許更可能來自社會情緒，而非來自企業本身。李在鎔應致力於向社會大眾強調：不論是三星的副會長或者會長，都不是憑空就能得到的職位，同樣得合乎艱苦奮鬥的社會邏輯、過程和認知。

針對李在鎔的一連串公關策略，雖然並未特別區分國外和國內部分，但看來主要還是瞄準國外。但是，國外的新聞媒體報導，對李在鎔基本上還是持否定看法。為什麼呢？因為策略本身就是錯的。李在鎔本人在應對國外媒體時，其實並無特別的過節或失常之舉，但國外媒體仍給予如此評價。顯然，李在鎔刻意塑造的領導者形象，大有問題。

國外首屈一指的媒體，都擁有自身的正統性和論調。對歐美的新聞媒體而言，三星的第三代經營權接班令人難以理解。在洛克菲勒、卡內基、福特等大企業集團，也找不到類似三星的經營權接班型態。即便韓國社會能允許第三代接手經營權，但三星對待國際社會的水準如果無法提升，便無法獲得國際社會的認可。單靠廣告或協商，或過去所學到的公關技巧作為對應，是遠遠不足的。

若能好好克服這個不形於外的部分，從某方面來看，或許也是一種讓Galaxy在歐美社會普遍化的方法。大宇集團在一九九〇年代展開跨國經營的同時，卻沒能收購電子業者唐姆笙（Thomson），或位於奧地利、為賓士汽車代工的斯太爾（Steyr），並不是財務方面的問題，而是白人社會的抗拒。外國企業多半有很強的自尊心，不會只為了錢就把自己賣掉。

反觀新羅酒店的社長李富真，不管是出於什麼意圖，正針對家庭環境困難的計程車司機、濟州島小餐館等社會底層庶民，展開溝通策略。李富真為了確保日後的支持度，確實比李在鎔做出了更高超的選擇。「創造美味濟州」，是新羅酒店所有職員自二〇一三年十月就開始的，一項以才藝捐贈方式貢獻社會的活動。

不僅針對濟州島上經營小餐館的業者提供料理方法、待客服務等諮詢，還為他們改善廚房設備、重整餐館外觀。對於不慎毀損首爾長春洞新羅酒店正門的八十多歲計程車駕駛，也因為考慮到該駕駛的家庭環境困難，而不予追究責任。此舉獲得市民們的熱烈支持。

近期韓國國內大企業在宣傳上最具特色、也最成功的例子，就是鮮京集團會長崔泰源的次女崔敏政入伍成為海軍軍官。入伍雖是個人的選擇，但就結果上來說，卻成了鮮京集團以及因個人弊案入獄服刑的CEO最佳的公關策略。輿論和民心，就是這麼得來的。

不得不說，只要有得當的輿論和民心，就不需要法治和邏輯。

對李在鎔來說，獲得股東或理事會賦予商業上的權力，是多麼理所當然之事。然而，大韓民國社會對於領導者的期望，屬於一種情緒上的共識。遺憾的是，本質上十分人性化的李在鎔，實際上給人的印象，卻像個僵硬的機器人。

李健熙在一般人的印象裡，就像騰雲駕霧的孫悟空。但如果連李在鎔也讓人覺得是第二個孫悟空的話，或許一般大眾就會對三星感到排斥。智慧型手機的主要客群，是一般大眾。具有眾多人性化一面的李在鎔，應該毫不保留地放開自己，多與大眾溝通才對。

要想順利地完成第三代的經營權接班，取得社會大眾的認可，是比提高三星電子持股率更實在的方法。當然，具體方案，就讓三星自己去煩惱吧。

一般評價認為，李富真在三星第三代子女中，不只是外貌，連個性、管理方式，都最像李健熙。

第5章。強悍公主——新羅酒店社長李富真

「小李健熙」

新羅酒店社長李富真二〇〇一年以企劃部部長入職後，二〇〇五年晉升為常務理事，實質上掌控了酒店的經營。擁有酒店經營權之後，她第一件事就是大膽地取消酒店提供給三星集團元老們的會員優惠，此舉引發不少集團元老的埋怨聲浪。

二〇〇六年，酒店公關組發出新聞稿，表示酒店的改善和業績的提升，全都在李富真就任常務理事後。李富真知道後，隨即召來公關組指示：「怎麼可能全都是我做的？還不快點回收新聞稿！連各大報主編手上已經修潤好的稿子也全帶回來。」公關組為了封鎖這則新聞，吃盡了苦頭。

此後，酒店職員們開始以帶有敬畏之意的縮寫「BJ」，來稱呼李富真。一般評價認為，她在三星第三代的子女中，不只是外貌，連個性、管理方式，都最像李健熙。她對事業的推動力強大、領導力非凡，甚至被戲稱為「小李健熙」。擔任專務理事不過二十三個月，也就是二〇一〇年底，便直接跳過副社長職位，一躍成為社長，由此可見李健熙對她的信任與寵愛。在管理學習課程相對來說較長的三星集團，這是非常快速的晉升。

李富真獨特的構想和分析力

顯露出李富真強大推動力的代表性例子，就是二〇一〇年成功地將精品名牌路易．威登（Louis Vuitton）引進韓國仁川國際機場的新羅免稅店內銷售。李富真直接出面，說服出名難纏的法國酩悅．

軒尼詩—路易．威登（LVMH）集團會長貝爾納．阿爾諾（Bernard Arnault）——這件事，已經在業界成了神話。阿爾諾和當時的路易．威登社長伊夫．卡塞勒（Yves Carcelle），堅持路易．威登不進入機場免稅店的原則。但李富真遠從阿爾諾二〇〇九年首度訪問韓國時，就和他見面、開始遊說工作。

二〇一〇年四月，李富真直接到機場迎接再度來韓的阿爾諾。此舉和邀請阿爾諾到辦公室會面的樂天集團相比，高下立見。在李富真如此的努力和熱情之下，終於壓倒排名第一的樂天免稅店，讓路易．威登入駐新羅免稅店。規模約一百六十六坪的仁川新羅免稅店路易．威登賣場，入駐後僅一年，銷售額便高達一千億韓元（約九千萬美元）。

李富真以獨特的構想和分析力，主導新羅酒店免稅店的革新與成長，頗受好評。她改善客戶結構、提高收益率，透過免稅事業高級化和總經理（MD）制度的改善，讓新羅酒店免稅店成長為世界一流的免稅企業。

新羅酒店的年平均銷售額，以每年二三％的成長率不斷提升，在三星集團中，寫下過去五年期間銷售成長率最高的紀錄。尤其免稅店的業績，更讓人刮目相看。二〇一三年，新羅酒店的銷售額約二・三兆韓元（約二〇・六七億美元）中，免稅店就占了九〇・八％，高達二兆八百六十四億韓元（約一八・七八億美元）。

公司營收為八百六十五億韓元（約七千七百八十萬美元），免稅店營收為九百六十三億韓元（八千六百七十萬美元）。連酒店事業兩百一十四億韓元（約一千九百三十萬美元）的赤字，也由免稅店事業填補了。李富真為了弭平酒店事業的赤字，可以說在削減費用方面想盡了辦法。但如此一來，也傳出現場工作人員（廚房和食品飲料服務等）對工作環境逐漸惡化的抱怨。

在新韓金融投資於二〇一四年七月出刊的《實現雙倍成長的可能性》報告書中，認為新羅免稅店到二〇一六年為止，銷售額有可能達到一一四％（雙倍）的成長。以二〇一三年為準，新羅免稅店的年銷售額約二兆韓元（約十八億美元），排名全球第九位。繼樂天免稅店（三・〇二兆韓元，約二八・八億美元，全球第四）之後，在韓國國內排名第二。

李富真也有著不畏險阻、勇往直前的氣勢。二〇一三年，新羅酒店打敗免稅業界排名第一的DFS環球免稅店，得到新加坡樟宜機場免稅店的鐘錶賣場經營權。新羅免稅店取得經營權的鐘錶賣場，是樟宜機場第三航廈中，僅存的世界名牌組合賣場。七月公開招標時，據稱共有包括DFS在內的六家世界級免稅業者參與投標。

責任制管理，也是李富真的優點之一。不同於李在鎔在李健熙身邊，以學習的形式參與經營管理；李富真直接裁示新羅酒店的主要決策。李富真是三星領導人家族中，唯一的一名理事，也是公布年薪的對象。李富真自二〇一一年二月被選任為新羅酒店的代表理事（社長）後，從二〇一二年到二〇一四年三月，連續三年直接主持定期股東大會。這和大多數企業主不註冊擔任理事的趨勢，形成對比。李富真如此的態度，充分表現出對股東的信賴。因為作為領導者家族的社長，必須承擔公司法律上的責任。

新羅酒店的免稅店事業部門，占整體銷售額的九〇%。免稅店事業部門的擴大，乃是由李富真親自主導。二〇〇二年，仁川國際機場免稅店首度開張之際，當時新羅免稅店以高於其他業者兩倍的價格得標；但在內部預料將不會剩餘多少利潤後，決定棄標。

但到了二〇〇七年，新羅免稅店再度投標。在當時仍是常務理事的李富真指揮下，新羅酒店免稅店在投標時拿下標價低、利潤卻最高的化妝品和香水經營權。相較於賣場整體面積，每坪得標價僅為樂天免稅店的一半，暫時勝過競爭對手樂天。但過不了多久，樂天免稅店收購了愛敬集團（譯註：韓國最大的石化產業跨國企業）旗下的AK免稅店之後，銷售順位就有了改變。

新羅酒店在二〇一二年銷售額突破二兆韓元（約十八億美元），二〇一三年也大幅成長了二三．四％。營收增加三二．六％，達到一千二百九十億韓元（約一億一千六百萬美元）。二〇一二年的「財閥烘焙坊爭議」（譯註：新世界、樂天等財閥大企業的第二代開設連鎖烘焙坊，引發市民反彈，認為是和街坊小麵包店爭利）一發生，李富真便馬上收起外食事業，由此可見她的果決。

二〇一三年，位於首爾長春洞的新羅酒店，從一月起暫停營業七個月，進行內部整修。這是只有企業主才能下的指令，顯示李富真將免稅店事業所獲得的收益，投資在酒店事業上。而投資費用不高，以租賃為主的商業旅館「新羅住宿酒店」（Shilla Stay），正快速地展開連鎖加盟網。

三星家族長女應得的部分

李富真從二〇一〇年起，就在三星物產擔任商事部門的顧問。因此，有陣子外界紛紛預測，三星物產的經營權將會交到李富真的手上。當時李富真在三星物產不僅履行顧問工作，還在三星物產主持各種會議、聽取各類報告。外界也流傳，三星的建設部門事實上已經交給李在鎔，商事部門則交給李富真。

但是最近，李在鎔以自己身為第一大股東的三星SDI，得以向三星物產發揮影響力。於是，又出現三星物產將交給李在鎔、而不是李富真的劇情。三星物產是三星電子的第二大股東，在集團的掌控結構上，處於核心地位。

三星物產自二〇一三年起，大舉收購三星工程的股份。在不為人知的情況下，持股超過七・八一%，成為繼第一毛織後的第二大股東。然而，第一毛織的素材部門發表了與三星SDI合併的消息。因此在合併後，三星工程的最大股東，就成了三星SDI。同時，三星SDI也會是三星集團建設方面子公司（三星物產、三星工程）的第一大股東。

第一毛織經營的事業中，團膳和食品供應服務（三星Welstory）以及休閒服務部門，和新羅酒店互動的可能性很高。如果以新羅酒店作為最高指揮中心，組成一個綜合性的休閒、流通事業群，企業價值將比現在更大幅提高。

李富真目前在第一毛織保有八・三七％的持股比率，而第一毛織透過三星生命，事實上已成為足以掌控三星電子的控股公司。只要不是兄妹共同管理，如果李在鎔負責金融和電子部門，以李富真的立場而言，就必須把休閒和流通部門獨立分割出來。

李富真並未持有新羅酒店的股份，但新羅酒店的最大股東三星生命，卻掌握在第一毛織手上。只要李富真利用手上的第一毛織持股，也有可能取得三星生命所持有的新羅酒店股份。李富真手上所持有的三星SDI三・九％的股份，也可以用來獲取新羅酒店的股份。這部分股票市值大約七千億到八千億韓元（約六·三億到七·二億美元），大約和三星旗下子公司所持有新羅酒店一六·八%股份之市值差不多。

就集團整體來看，李富真所掌控的範圍正逐漸縮小。面對經營權接班和遺產繼承在即，李富真在集團分割方向上，就算在新羅酒店的事業部門中，也只能偏向以免稅店事業為主的短期成果。同時也必須獲得哥哥李在鎔和未來戰略室的協助，才有可能進行集團分割。為此，和忙於對外塑造形象的李在鎔不同，李富真身上所背負的包袱，讓她不得不低調行動。

以三星家族長女之身分，李富真在經營接班和集團分割上，理應取得包括新羅酒店在內，以及第一毛織和三星物產的特定事業部門。但面對社會看待她離婚一事的眼光，以及包括母親洪羅喜等三星集團內部主要勢力對李在鎔的支持，和她身邊缺乏參謀團等情況，可說是處境維艱。

中國領導階層已不再只把李在鎔視為韓國財閥集團的繼承人，而開始視之為巨頭夥伴來對待。

第6章。李在鎔的中國大布局

曙光——Galaxy S

「去年上半年，真像是身處黑暗的隧道之中。」

三星電子社長申宗均於二〇一一年十月在香港舉行的記者招待會中，如此回顧過去的一年。

二〇一〇年上半年度，正是蘋果 iPhone 手機大舉入侵韓國國內市場的時期。在 iPhone 入侵前，韓國國內市場簡直就像三星自家的院子一般。

蘋果不只能決定行動電話以及行動電話上的 APP 種類，連 APP 的商業模式決定權也握在他們手中。三星無法忽視這點。三星不把最應該重視的對象——客戶放在眼裡，這樣的態度，本身就是一大問題。二〇一〇年初，之所以會被蘋果的空襲炸得狼狽不堪，與此並非全無關聯。三星電子推出了Omnia 2，作為與iPhone抗衡的商品。但因為微軟作業系統的限制，使用者抱怨連連。最後三星電子不得不忍氣吞聲，讓消費者以低廉的價格，換購新商品Galaxy S。

但自二〇一〇年六月推出Galaxy S之後，情況就有了改變。Galaxy S獲德國《商業報》譽為「蘋果殺手」。二〇一〇年七月十五日，《商業報》在標題為「蘋果殺手」的報導中指出：

> 三星的Galaxy S讓蘋果嘗到恐懼的滋味，賈伯斯也要小心。
>
> 具有拍攝高畫質（HD）照片與影片功能的Galaxy S，成了Android陣營裡新的參考依據。就算是蘋果愛好者也會對

售價僅四百歐元，卻能活用各種最新功能的 Galaxy S 之價值，有不同的看法。

類似如此對三星和 Galaxy S 的佳評，一直延續到二〇一一年年底。這是距離 Omnia 事件不過六個月後的發展。

之後，三星電子接二連三推出 Galaxy Note 等革命性產品，成功地將智慧型手機事業從邊緣地帶牽引到國際市場中心。之所以能一舉提升智慧型手機落後於蘋果的競爭力，該歸功於三星特有的跟風者（Fast Follower）策略奏效。

前有蘋果，後有小米

蘋果推出 iPhone 後，智慧型手機在不過七年的時間裡，市場銷售量激增到四百兆韓元（約三千七百七十億美元）的規模，可說是人類歷史上普及速度最快的設備。三星在晚於蘋果進軍智慧型手機市場的情況下，仍能獲得如今的成果，一般認為是出於掌權者的決策，與組織為完成使命特有的集中力。

但如今，在三星邁向第三代經營體系的階段之際，三星與蘋果的差距依然如昔；中國以小米為主力的急起直追，則讓三星處於夾在中間的三明治狀態。

以智慧型手機為代表的韓國電子產業，之所以能超越電子大國日本，在於能快速地接受由類比跨越到數位的情勢，果斷地搶先投資大規模的技術開發。然而，如此蓬勃發展中的智慧型手機市場，卻在二〇一四年以中國市場為主的成長踢到鐵板。

根據市場研究機構Strategy Analytics的調查顯示，全世界智慧型手機市場的規模，由二〇〇七年的一億一千九百七十萬台，到二〇〇四年已增加至十二億零十萬台。七年來雖然成長了十倍，但每年的成長率卻逐漸減緩。若按照如此趨勢，到了二〇二〇年，將會增加到十六億五千三百五十台；未來六年期間，成長率可望達到三七．八%。智慧型手機產業的生態系統，正面臨一個新局面。這是自二〇〇七年蘋果推出iPhone後，在七年內所發生的事情。

中國以小米為首，在市場推出不到三十萬韓元（約兩百七十美元）的廉價手機。三星電子一直堅持走高單價市場，卻未能縮減與蘋果之間的差距，因而被中國的後起之秀緊追不捨。智慧型手機市場在製造業者之間對晶片組和零件制定出標準的同時，便脫離了強調技術差異的藍海市場，轉而成為以行銷和價格為核心競爭要素的紅海。以獨特商業模式亮相的小米，自二〇一二年起，便一直操縱著市場的變化。然而，在頂峰陶醉的三星電子，卻對此視而不見。再者，三星內部也存在組織過度膨脹與官僚化等問題。

智慧型手機營收銳減，半導體暫時撐起三星帝國

三星電子並不像蘋果，擁有自己獨特的平台和全球性的生態系統，因此有先天上的限制；而足以取代智慧型手機的新未來項目，依舊不明朗。

三星電子的管理高層，將二〇一三年視為一個巔峰，業績也為此做了有力的說明。二〇一三年第三季，三星電子的營收超過十兆韓元（當時約合九四．二億美元）。然而不過一年時間，營收就降到連一半都不到的四兆韓元（當時約合三七．七億美元）。在此種情況下，半導體是否能彌補智慧型手機的下滑呢？

二〇一四年二月，位居DRAM半導體市場全球第三位的日本爾必達記憶體公司（Elpida Memory, Inc.），向法院申請破產保護。此舉無疑宣告，半導體的懦夫博弈（chicken game）已達終點。

主要使用DRAM的個人電腦，如今已被智慧型手機和平板電腦所取代。DRAM的價格也不見有從泥沼脫出的跡象。二〇一三年七月，一度高達一．七八美元的DDR3 2GB固定交易價格，只剩下一半的水準。三星電子和海力士半導體公司（SK Hynix

Semiconductor Inc.）在成本價格的競爭上，以微工序基礎作為武器，勉強支撐；但是業績靠後的廠商們，卻在赤字邊緣苦苦掙扎。

半導體的懦夫博弈，曾在二〇〇七年到二〇〇九年間十分盛行。這個時期，全世界主要半導體製造業者都大幅增加生產線。而在此過程中，德國的奇夢達公司（Qimonda AG）破產了，半導體廠商整合到只剩下十餘家。當時台灣的半導體製造業者，受到十分嚴重的衝擊。

儘管智慧型手機的需求量銳減，二〇一四年上半年，半導體市場仍呈現持續上升的趨勢。三星電子在半導體的懦夫博弈結束後，顯現出搶占全球市場的效果。適逢企業用個人電腦替代週期，也讓DRAM和NAND Flash等記憶體的需求量穩固。但也有批評指出，三星電子、SK海力士和美光科技（Micron Technology, Inc.）等

DRAM半導體廠商的生產量增加，將衍生出供過於求的情況。

二〇一四年十月六日，就在發表二〇一四年第三季預估業績的前一天，三星電子宣布，將在京畿道平澤市東日面投資十五兆韓元（約一三．五億美元），興建一座古德工業園區。這是繼二〇一二年京畿道與三星電子合議後締結的「平澤市古德國際化新都市住宅開發事業」之後，後續配套措施的第一階段。但專家多半認為，這不過是為智慧型手機事業的停滯尋求替代方案，並回應政府投資活性化的要求，將早已擬定之投資計劃中的一部分，選在絕佳的時機發表而已。

作為平澤市古德國際化新都市的一部分，三星電子計畫投資興建約一百二十萬坪規模的工業園區，投入一百兆韓元（約九百億美元）以上的經費，成立包括醫療器材等新未來事業，以及第二代半導體生產線等。古德工業園區的規模，為三星電子水原總部（約五十萬坪）

的二・四倍。

拉攏習近平，大舉投資中國

三星電子於二〇一四年五月，在中國陝西省西安市投資七十億美元，興建十奈米級最尖端NAND快閃記憶體（V-NAND）製造工廠。三星電子為了營造李在鎔和習近平之間的蜜月關係，自很久以前開始，就已經做好此大型企劃案的準備。李在鎔體系想要軟著陸（soft landing，指當整體經濟經過一段強勁擴張期後仍持續成長，但不至過熱而引發通膨，也不至陷入衰退），最重要的，就是重視中國市場。

李在鎔、習近平兩人之間的因緣，可追溯到十年前。三星電子從二〇〇〇年代初開始，就不斷邀請中國中央黨校的中青班會員到韓國訪問，致力於建立與中國下一代領導者之間的關係。二〇〇五年，時任浙江省黨書記的習近平，也曾獲邀參觀三星電子水原總部。繼胡錦濤後，最有可能成為中國下一代領導者的習近平，早在十年前就已經為新中國畫好藍圖。他認為，中國應跳脫目前的傳統產業，走向高度工業化。這也是他之所以對三星電子的半導體和顯示面板事業，深感興趣的原因。

三星電子掌握了習近平如此前瞻之心，積極向他靠攏；於是開始加速進行卡位戰，設法讓李在鎔成為能與習近平並駕齊驅的「大人物」。二〇一〇年，李在鎔和習近平於北京人民大會堂會面後，兩人又在匯集亞洲政經人士的博鰲論壇等國際活動會場裡數度碰頭，顯示出雙方非同小可的關係。

三星電子在中國的大舉投資，讓習近平深感滿意。三星是海外面板製造業者中，最早在江蘇省蘇州興建ＬＣＤ工廠的。與組裝不同的是，ＬＣＤ的生產製造工廠，技術外流的可能性相當大。但三星電子為了討好習近平，對投資毫不吝惜。由於三星電子進駐蘇州，當地勞工一年的工資上漲超過二〇％。

西安當時也與北京、重慶、蘇州、深圳一同，對三星電子興建半導體工廠，進行了一番檯面下激烈的爭奪戰。與中國其他具競爭力的都市相比，西安在各方面都處於不利。但讓人跌破眼鏡的是，西安竟然雀屏中選，三星的半導體工廠決定在當地落戶。中國方面一致分析，三星電子的西安工廠，是李在鎔送給習近平的主席登基大禮。三星電子以西安工廠的投資為開端，中國領導階層已不再只把李在鎔視為韓國財閥集團的繼承人，而開始將之視為巨頭夥伴來對待。

當地輿論甚至還創造出「陝西速度」（意指快速的執行力）這樣的新詞彙，來形容三星電子西安工廠之興建一日千里。三星電子在西安興建工廠，習近平等中國新一代領導層，發揮了很大的影響力；在二十五名中國共產黨委員中，以習近平等為首的六人，都出身自自陝西省的西安等地。韓國總統朴瑾惠也曾在二〇一三年參觀三星的西安工廠。這也是市場上將三星電子投資西安，解釋為政治投資的原因。

二〇一四年五月，中國西安半導體法人代表朴燦動（音譯），在接受韓國商業報《Money Today》北京特派員宋基永的訪問時強調：「站在客戶對應能力的層面來說，這是無可避免的選擇。」用於智慧型手機和平板電腦上的快閃記憶體銷售，每年不斷激增；而這個市場，五〇％以上的客戶都來自中國。因此無可避免地，必須選擇在當地生產製造。許多評論均指出，三星在中國市場，僅在半導體領域還維持著穩定的地位。

中國三星的在地策略成功嗎？

一九九二年，位於廣東省惠州市的組合音響工廠開工的同時，也首度啟動當地生產法人的中國三星，在惠州一地雇用了超過十萬名的勞工。中國是三星集團最大的製造據點，同時也一躍成為三星集團內，壓倒北美和歐洲的最大市場。

中國三星在三星集團內部二十多家旗下企業裡，擁有兩百多個據點，包括香港、台灣在內，總銷售額在二〇一一年首度超過六百億美元。中國三星以二〇一二年為基準點，不再採取將韓國開發的產品在中國內銷市場銷售的方式，改以中國工程師直接研發技術所生產的產品，在中國製造銷售的策略。為此，中國三星把「在中國、為中國」定為核心目標，希望能受到中國人的喜愛，成為對中國社會有貢獻的企業。

中國三星將權限與責任大幅下放給中國當地人。不再採取從韓國全面轉移人才、技術、產品的方式，而是直接在中國開發技術，由中國人自己製造、自已銷售的本土化策略。二〇一二年推出的「背光鍵盤筆記型電腦」，正反映出如此特性。這項產品在功能上，相當切合住宿的中國大學生特性。在開發這項產品前，由三星電子當地設計師和開發人員組成的產品創新小組，已經在數十所大學校園裡進行實地調查。調查結果發現，每間學校的宿舍只要一到晚上十一點就會熄燈，這是因為學生人數眾多，無法順暢供電之故。諸如此類的意見，便積極運用於產品的研發上。近來，也將目標對準喜歡在陽光下曬衣服的中國人，開發出新型洗衣機。

中國的產業環境也在考慮之列。三星集團不再投資只單純組裝的現有勞動密集型產品，轉而強化在中國製造ＬＣＤ、半導體等最尖端產品的投資。不僅鞏固製造部門，也建立起正式進軍金融、服務等產業的方針。第一次的實踐，就是在二〇一一年十月，改變當初原訂興建七．五世代ＬＣＤ生產線的計畫，轉而在蘇州興建八世代ＬＣＤ生產線，並於二〇一四年五月完工。在西安興建ＮＡＮＤ快閃記憶體工廠，也是出自如此脈絡。但三星想進軍金融、服務業，必須煩惱的問題就多了起來。三星信用卡的金融商品為了進軍中國，必須有該公司金融商品能支援的實際產品才行；但如今除了高端電視機，尚無適當的項目。

以行動電話市場所鋪貨的終端機數量為標準來看，iPhone在中國並非主力款手機。但地方鄉紳或黨幹部等重要領導者，用的通常都是金色iPhone。對追求時尚的年輕人來說，iPhone成了一種趨勢，是他們渴望擁有的。在此，還隱藏著iPhone堅守外國品牌形象的高度策略。

在中國所有媒體上，只有iPhone未以中文名稱之，而是直接用「iPhone」來標示。而中國式發音的「愛瘋」，則是在個人網誌等特定媒體上，作為一種通俗語使用。美國星巴克（Starbucks）在中國的直營店原本堅持使用英文，但不久後，也加上中文名稱合併使用，算是順應中國政府的政策。

《現在研究中國還不遲》的作者、前中國三星常董柳在潤，於二〇一四年七月表示：「目前在中國的韓國法人中，很難找到真正了解中國的韓籍中國通。」這也表示，許多都是配合韓國總公司的口味，來報告當地現況的所謂「總部型中國專家」。如實傳遞中國情況的中國專家，則十分稀有。柳在潤認為，正因為如此，才導致總公司做出錯誤判斷，也無法提出正確的解決方案。

同時，針對三星電子在西安大規模興建半導體工廠，柳在潤的看法是：「三星SDI如果把工廠蓋在三星電子旁邊，必然會造成勞務管理上的困難。」這番話的意思是，西安的中國勞工們會無法理解，同樣在三星集團的公司裡工作，業績好的三星電子和業績不怎麼樣的三星SDI，為什麼工資會有那麼大的差別？這也顯露出，三星集團在興建製造工廠時，並未確實考慮到當地社會文化的因素。

一般的評價認為，目前三星智慧型手機在技術上的安全性層面，仍落後蘋果；在與中國的競爭上，其品質的競爭力尚未受到肯定，不足以支撐價格的合理性。未來在中國市場，若想保有與中國業者競爭的決定性優勢，不是那麼容易。

該尋求策略變化了

《Money Today》北京特派員宋基永對中國市場有如此評價：

小米和華為活用電子商務、按支付順序發貨等最適合中國市場的營銷手段，大幅節省行銷、庫存、物流等方面的費用，得以有餘力專注在研究開發上。反之，三星電子仍依賴傳統銷售通路，在建立通路網和維持上投入過高的費用。

追擊循環（catch-up cycle）理論的權威者，首爾大學教授李根（音譯）表示：

未來三星的優勢，不再是技術，而是三星所具有的品牌力量。

銷售形式必須由產品轉換為服務才行。

綜合各種情報，三星在中國失敗的決定性因素，在於堅持實體銷售管道。

不只是中國，全世界消費者的購買模式，在網上、網下之間進進出出，出現急遽的變化。因此，電子通路業者也必須進入全方位競爭時代，不論是網路店面或實體店面都不容忽視。因此，當務之急是建構「全通路」（Omni-Channel）——以整合多樣化的管道，提供消費者一貫的客戶體驗。

三星必須以最快的速度，推出Galaxy之外的第二品牌，建構可將費用降至最低的線上銷售管道，才是致勝的解方。答案已經呼之欲出，卻沒人敢做出這個決定。

Part

2

三星模式・The Samsung Way

三星人十分自豪於內部的系統與程序，他們稱此為「陀螺儀」——它永遠穩固、從不停止轉動，能為三星找出正確方向，全力衝刺。

但自從李健熙臥病後，一連串的失序，也隨之而來……

第7章。三星文化的靈魂正在消逝

內部溝通管道

每當三星要啟動新的項目或子公司，就會先在公司裡弄個廣播電台；這是為了透過內部廣播召開清晨會報，以便進行集團內部的交流。尤其二〇一四年第二季度業績下滑之後，三星透過內部電台報導中國業者的動向和創新，以刺激組織成員。當然，這在活化企業內部溝通上，也能達到消除無謂傳聞或好奇心的效果。

事實上，國外企業大都把公司內部交流作為防止勞資糾紛的一種手段。三星子公司之間的內部網路「Single」架構得十分完善，Single也扮演了集團內部業務和宣傳無法顧及的企業內部交流網之角色。

在一九八〇年代中期，網際網路還不普及的時代，讓瀕臨破產的克萊斯勒由虧轉盈，甚至後來還成為美國總統候選人的李．艾科卡（Lee Iacocca）認為，企業競爭力的核心，在於內部交流。

艾科卡將分散於世界各地研究所的數百名設計師，全都召集至底特律的總部，親自為他們上了四個小時的課；明確地將克萊斯勒的設計理念和哲學，傳達給這些人。艾科卡十分清楚，龐大的組織一旦僵化，執行長的經營哲學或執行方向，必須耗費很多時間才能傳達給基層人員，在傳達的過程中甚至會發生扭曲的現象。

當我還在三星工作時，每週都必須參加秘書室的各子集團調查部門會議。當各個子集團報告完對外經營環境的情報後，秘書室就會傳達集團情報、告知集團內部的動向。在這個場合，子公司的CEO們，也希望能將自己好的一面報告給秘書室。

當時三星汽車首爾辦公室所在的南大門辦公大樓，在往《中央日報》方向的小巷子裡，有很多破舊的小飯館。某位高階主管曾下達指示，要我在會議上報告他每天中午都和職員一起去吃每碗三千五百韓元（約台幣一百元）的刀削麵。

三星的陀螺儀——系統和程序

三星集團按照系統和程序運作。二〇〇九年，當時還是三星電子情報通訊事業群社長的崔志成曾表示，二〇〇八年全球金融海嘯，多數跨國企業都苦苦掙扎；唯獨三星還能保持強大的祕訣，在於三星有一個「陀螺儀」（gyroscope），能為三星找出正確方向，全力衝刺。崔志成又說，當三星進入成長軌道的同時，也啟動了「成功方程式」。

陀螺儀是能穩住重心，不管朝著哪個方向，都能不停轉動的旋轉體。成功方程式則如字面所示，是走向成功的法則。三星認為自身擁有能自行運作的隱形力量，也已功成名就，所以很清楚成功的方法。此處所謂的陀螺儀，就是系統和程序。

但是這樣的系統和程序，在李健熙病倒後受到嚴重衝擊。其代表性的例子，就是三星物產正在施工中的首爾地鐵九號線工地附近，發生了一連串大型地面下陷事件。最早在蠶室地區造成地面下陷的元凶，是樂天世界塔施工所致。但一連串地面下陷的元凶，則是三星物產所承包施工的鄰近地鐵工程。

地面下陷的松坡區一帶住戶，認為這會引發房價下跌等嚴重社會問題；但三星的危機意識和對應能力，卻讓人心寒。在媒體記者會上，只派事業部主管、而非理事級人士出面，完全無法掌握事態的嚴重性。三星方面的反應太過遲緩，連國會都組織了陷坑調查小組，三星集團的對外協力團或未來戰略室國會專員，理應直接出面。但三星仍一如以往，動員土木或建築工學方面的教授，投稿到報章雜誌，促使輿論往追究發包單位（首爾市府）管理責任的方向發展。不禁讓人惋惜，三星只會以了無新意的老套手法來解決問題。

二〇一三年七月，三星精密化學蔚山工廠的水槽爆裂，有十五名勞工傷亡。李健熙接到事故報告後震怒，於是馬上追究事故責任，撤換三星工程的社長。原本有三年任期的社長，上任不過四個月就被趕了下來。

三星在國外的施工現場，也傳出意外：二〇一四年八月和二〇一三年十一月，伊拉克工地出現交通事故和電塔傾倒，導致三星工程的勞工死亡。二〇一四年七月七日，強盜入侵三星電子巴西工廠，造成六十億到三百六十億韓元（約五百四十萬到三千兩百四十萬美元）的損失。

歐洲地區也傳來不甚光彩的消息。眾所周知，李健熙是一位汽車愛好者——正確地說，李健熙從不親自駕駛，而是熱愛收藏。京畿道龍仁的三星交通博物館，就是李健熙汽車收藏的一端。針對昂貴的汽車，李健熙並不運回韓國國內，而是放在國外另行保管。據三星德國戰略本部某相關人士表示，最近數年間，李健熙放在德國法蘭克福附近的五十餘輛汽車，竟不翼而飛；其中還包括全世界僅有三輛，估計高達兩千萬美元的老爺車。

三星的系統和程序，是以成員們必須擁有高尚的道德為基礎。三星電子的採購部門，和合作廠商商討業務後用餐，原則上一定得自己買單。雖然不能以偏概全，但長期在三星工作的三星人，許多都有將三星的制度和企業文化視為世道標準的傾向。尤其是自三星離職後前途茫茫的人，更有種外界社會簡直一片混亂之感。

但曾幾何時，卻意外頻傳。這些事故，只有在系統和程序無法正常啟動的情況下才會發生。

已經敲過的石橋，還要再敲一次

以人事和財務為代表的三星文化，一般通稱為「管理的三星」。新成立的組織裡，財務部門的主管也時常兼任管理部門的主管。因此在三星，財務、總務、會計等業務，均統稱為管理。

在三星有種說法：已經敲過的石橋，還要再敲一次，甚至連石橋的石塊都要剖開來確認才放心。二十多年前，當我任職於三星重工業汽車特別小組時，有次在化妝室裡洗完手、以擦手紙擦手時，在場的人事部門主管指責我：擦手紙一張就夠了，不要抽兩張。又有一回，其他部門的主管看見我插在襯衫左邊口袋上的原子筆，筆尖朝上。便對我說：筆芯應該朝下，蓋上蓋子。需要用筆寫字時，這樣才會好用。

二十多年前的那位人事部門主管，歷任三星SDS人事部門副社長，如今是三星SDS出資公司的顧問。而另外一位部門主管，在三星服務了二十三年之後，跳槽到其他公司；後來又重回三星，擔任子公司社長兼海外地區總裁負責人。目前則退居集團子公司顧問一職。

由於李健熙對汽車事業的期望甚高，員工所承受的壓力也非同小可。當時，對政府業務部門和我所屬的部門曾舉行聯合餐會。餐會上，某位高階主管看到我翻烤五花肉的樣子，竟很不高興地說，翻來翻去地烤，會讓肉質變乾，要我別再翻了。如果想品嘗多汁的肉，兩面各翻一次就好。

上述例子，或許也可視為個人的偏好。但某個程度上來說，這也是在三星工作的同時，自然而然形塑出的三星人樣貌。

派系文化（地域、前任職公司、財務、人事）

世上無論哪個地方，都有拉幫結黨的派系文化。在三星這樣的大企業，個人之間、事業群之間、組織之間，派系文化不止息地製造出新的權力，也排擠掉更多組織成員。

三星的派系文化核心，就是從「三星出身」和「非三星出身」的區別開始的。一九九三年到一九九四年，三星汽車事業特別小組的主管，是曾在現代汽車工作的鄭宙和。直到一九九五年三月三星汽車正式上路前為止，鄭宙和要管理的只有三百餘名少數人力，沒有什麼特別的困難。但在三星汽車正式上路以後，情況就有了不同；甚至有三星出身的高階主管，拒絕執行鄭宙和下達的指令。

當時三星集團中拔擢了許多主管，為了調職到三星汽車，主管們在集團內部的關說非常激烈。於是到了一九九五年底，即使只是一個事業籌備組織，裡面卻分布了五十多名主管，導致業務重疊、命令系統混亂；最後不得不將所有權限集中到第一任三星汽車代表理事洪鍾萬手上。站在洪鍾萬隊伍裡的主管，全是一群根本不懂汽車的三星出身者。連早期組織中最重要的研究所所長一職，也排擠現代汽車出身的工程師，而由三星出身的工程師來掌握。近期的三星電子，也發生了類似的事。

在創辦人李秉喆時期，最長壽的秘書室主管是蘇秉海，他畢業自韓國成均館大學。成均館大學的校友們，一直被委以三星集團的要職。也有人說，就是從這個時候開始，三星內部才出現拉幫結黨的派系文化。

從職能上來區分，以財務幫和人事幫最有名。財務幫乃指以李鶴洙為首，號稱「管理的三星」的財務部門人脈。這些人定期和各子公司財務部門的主管聚會，透露集團內的主要情報，形成一個變相收集各子公司問題的小團體。尤其是從祕書室財務小組出去的這些人，就算調職到子公司，但每到要拔擢幹部或調升時，秘書室一定會特別照顧，這也成了一個傳統。

若從地域上來區分，則以釜山、馬山、晉州出身為首的派系最強，李鶴洙和金仁宙即屬此類。還曾經出現部分三星主管，看時機和狀況，改變自己出身地區的牆頭草鬧劇。

未來戰略室和過去的戰略企劃室，以及結構調整本部的功能，其主要目的便是配合李健熙體系的維持和宣傳；因此經常出現脫離企業運作本質之事。李鶴洙長期掌握戰略企劃室，導致各個子公司的社長中，有相當數量的人都來自特定人脈或地區。

一九九〇年代中期，李健熙選拔集團專務理事級以上的幹部，雖然安排了一天和備選人員直接面談，但之後的程序就全都由李鶴洙代為進行。三星內部很早就流傳著一種說法，想要出人頭地，必須來自李鶴洙、金仁宙出身的釜山、馬山、晉州等地區的學校。如此拉幫結黨的派系文化，也減弱了三星的力量。

人事幫的名氣也不亞於財務幫。長期掌握人事業務的未來戰略室人事組和各子公司的人事組人脈，統稱「人事幫」，是個團結力特別強大的組織。

三星電子在一九九九年成立了全球行銷室，不分性別、國籍、年齡，引進外部人士。雖然被賦予許多權限，卻經常有外部人士無法忍受三星組織內部的欺生情況，而掛冠求去。代表性的例子，便是二〇一三年底的全球行銷室主管S副社長。她是三星電子為了加強高階產品行銷，二〇〇六年從P&G挖來的人才；在提升三星電子的全球品牌策略和行銷效果上，也深獲眾人好評。但最後，還是因為受不了三星的派系文化，感覺自身能力發揮有限，而以休假的名義離職求去。

新派系登場的徵兆

即使李在鎔的經營權接班尚未全部完成，新的派系卻已開始徐徐登場。從二〇一四年十二月的集團人事上，便可看出端倪。

首爾大學貿易系出身者，包括副社長崔志成在內，還有未來戰略室次長張忠基；以及二〇一三年底才入職、《朝鮮日報》副局長出身，不到一年就晉升為副社長的三星電子交流小組主管李濬。此外，前友利銀行行長黃永基，歷任三星秘書室人事組主管、三星證券社長，也和崔志成一樣來自首爾高中、首爾大學貿易系。

而這次人事案中，秘書室人事組出身的人一躍而起。目前擔任未來戰略室人事組主管的鄭金溶，從科長時期開始，就一直在秘書室人事組負責主管級人事。負責主管級人事的職員，幾乎和其他職員沒有任何交流，主要是為了杜絕人事請託等不必要的外部干涉。

值得慶幸的是，自李鶴洙下台後，三星集團內部暫時尚未形成如過去那般根深蒂固的明顯派系。在二〇一四年的集團人事案裡，較明確為李在鎔直系人馬的，僅有兩位：李在鎔留學哈佛時期，曾經協助他的尹用岩與鄭賢豪。

由這點來看，凸顯出舊戰略企劃室、結構調整總部、秘書室人事組和秘書組，都只是過渡時期的組織。今後，隨著李在鎔對集團的掌握程度增加，親衛隊的組織輪廓也將慢慢顯現。如果經營權接班能按照李在鎔的意願順利進行，預料三年內便可以掌握整個集團。屆時若李在鎔也如同李健熙，將經營重任委交給未來戰略室，或許又會有一群新派系登場。

韓國社會長久以來，一直有強調地域、畢業學校的陋習；而過往三星內部甚至變本加厲，更依照前任職公司、職能別等形成強大的人脈與派系文化。無論如何，特定利益團體的派系文化，勢必會削弱企業的經營能力。

專務理事和常務理事

在大部分的職場中，約略工作個二十年，也沒有犯下太大失誤的話，應該都有機會晉升為高階主管。但在三星，大部分的人都沒能晉升到高階主管的位置，中途就被淘汰了。

如果能晉升為高階主管，不僅有配車，辦公桌兩旁還能架起隔板，設置成一個獨立的小空間；年薪也會調漲至一．五億到兩億韓元（約台幣四百二十萬到五百六十萬）左右。當然，按照子公司的不同，其間差距甚大；即使是三星電子內部，也會依事業群的不同而有很大分別。最大的特徵是，薪資所得的個人所得稅，會由公司代為繳納。三星高階主管的薪資比其他企業高出很多的原因，就在於稅金問題。

過了兩到三年，就該由常務理事補，晉升到常務理事了。但也有人沒能摘掉這個「補」字，就被淘汰了。而問題多半在於從常務理事，晉升到專務理事的階段。

成了專務理事之後，就被圈入最高主管團中；小型的子公司裡，也有代表理事本身是總公司的專務理事。如果晉升到常務理事就沒辦法再往上攀升，而以此職務退休的話，可能連最基本的吃飯問題都有困難，老年生活也無法獲得保障。但只要能晉升為專務理事，做滿三到五年的任期，就可以擔任一到兩年左右的顧問。只要任期中沒發生什麼大事，一輩子就可以不愁吃穿了。專務理事的年薪，至少有四億到六億韓元（台幣一千一百二十五萬到一千六百九十萬）左右。同時，還配置附司機的高級車輛，並提供個人專用的辦公室以及一位秘書。

常務理事和專務理事，可謂天差地別。常務理事從某方面來看，很多都是公司為了讓他退休，才晉升到這個職位的；也就是類似部長職務的延長。但專務理事則不同，實實在在地被納進了最高主管階層。專務理事享有以幾何級數調漲的年薪、分紅配股、社會聲望等等，從這個時候開始，就是位階在造就一個人。原本在科長、部長的位子上不甚出色的人，這時便有如神蹟降身一般；顯露於外的氣勢，更是完全不同。

而那些以常務理事身分從三星退休的人們，則相形黯淡。雖然仍有機會創業或跳槽，但在社會上卻很難做出一番成就。大部分年齡已過了五十歲不說；想到別家公司去，年薪卻連三星的一半也不到。如果能二度就業成功，已屬萬幸。要選擇自行創業，對社會環境又不夠了解，風險也很高。所以說，可能連基本的吃飯問題都有困難。

二〇一四年十二月，三星集團兩千多名高階主管中的二〇％，即四百多人從三星退休，這些人八〇％以上都是常務理事。在景氣好的時候，很多人成功轉到其他企業任職；但在景氣持續不佳的情況下，便少見這些高階主管二度就業成功的消息。事實上，除了一部分工程師出身的人，基本上都很難二度就業。有部分三星人在追求功成名就的坎坷路途上載沉載浮，才剛剛嚐到成功的滋味，就非自願地被迫退出。

信賞必罰，只重短期績效

「有績效，就有獎賞。」

這句話最足以代表三星電子人事系統的精神。眾所周知，三星電子是一個仰賴績效獎賞制度來振奮士氣的企業。如此一來，連研究開發部門的組織結構，也以短期績效為主。三星電子的研究開發部門，是以事業部門為中心，其下再分為開發組和研究中長期技術（三到五年）的研究所。連帶地，還有為了十年獲利所成立的核心研究中心——三星綜合技術院。

三星電子研發部門的人力變化中，最顯著的一幕，便是研發人力的增加，和所長級主事者的不時更換。總管研究工作的所長不斷地更換，是導致與全球ＩＴ業者之差距的主因。三星電子的研發核心——三星綜合技術院，其院長的任期自二〇〇九年之後，幾乎每任都只有兩年多一些。同樣地，研發人力也不斷出現變化。外界分析認為，這就是績效主義導致的後果。組織如果以績效為主來運作，連必須以長期策略來規劃的研發部門，也將依據績效不時進行人事變動。

許多分析更指出，正是因為缺乏長期策略，才導致如今的危機。早在二〇一一年起，就出現三星太過依賴智慧型手機的警告。但高階經營主管們卻深陷於績效主義無法自拔，而對此警告置之不理。

李在鎔的第一個課題，勢必得強化三星的研發力量。李秉喆、李健熙都是透過「跟風者策略」，創造出世界級的三星電子。因此有輿論主張，李在鎔應該創造出專屬於三星電子的平台，就像Google或蘋果一樣。為了構築三星電子專屬的生態系統，則必須保障三星電子的研發部門，包括三星綜合技術院等的長久性。

「上級下令，無條件、無限期開發出新的智慧型手機。處在這種情況之下，根本不可能出現劃時代的創新。」這是三星電子內部員工的心聲。如此一來，原本就強調績效主義的三星，更讓信賞必罰的作風過於嚴峻；這很可能是對新嘗試的畏懼所造就的結果。而對於三星電子只偏重短期績效，還和製造行動電話飾品和周邊商品的中小企業搶飯吃，社會上也出現了批評聲浪；輿論甚至將各季度電子事業各事業群主管的累計年薪，做成表格來比較。

三星對於所有以數字歸結的評價都很敏感，這個心理因素，導致行銷策略不時變更。而依照短期績效來評價主管的情況，也如實反映在銷售現場。

Galaxy S5從上市的第一天起，歐洲部分地區就以免費手機的方式鋪貨，美國部分地區甚至出現買一送一的傾銷方式，這就是三星電子必須直接面對的現實。三星電子在白人社會、英語系國家的行銷有限，無法以產品本身的功能一決勝負，因此只能選擇特別的促銷策略；但相對地，這也會拉低品牌力量，形成惡性循環。

跨國企業的基礎——「在地通」制度

三星的「在地通」制度，乃仿效日本的綜合商社而實施。雖然確實存在部分問題，但「在地通」制度在過往二十餘年的時間裡，已經成為強化三星全球競爭力的重要制度。

據稱為了強化以地域為基本單位的組織競爭力，日本政府非公開地鼓勵日本商社的外派人員與當地女性結婚，並提供每月近兩百萬韓元（約一千八百美元）的津貼。「在地通」制度，是讓職員在該國主要都市體驗日常生活的一項計畫。考慮到派遣國家的物價水準，除了基本薪資之外，每年還另行支付約五萬美元的經費。

但近期因為三星在中國市場的業績下滑，因此有人質疑，三星並未靈活運用過去在中國所培養的數百名中國通。三星的中國通之中最有名的，是在中國當地經營一百多家中低價化妝品「咖啦咖啦」（kalakala）連鎖店的總經理李春雨。李春雨在韓國國內精熟中國的媒體人之間，擁有強大的人脈。早在一九九二年第一製糖從三星分離出來之前、中韓建交之際，李春雨便以在地通的身分派遣到中國去了。他在二〇〇〇年離開三星電子、在中國策略小組又工作到二〇〇三年，才為了發展個人事業而離職。據悉，為了發展和中國高層的關係，李春雨也做了不少投資。

最高階層的經營主管，不一定得是中國通；但三星若有意深耕中國市場，就該好好活用分散於集團內部、中堅幹部以上等級的中國通才對。

此外，韓國國內企業也應慎重地修正對中國人和當地諮詢業者投擲龐大金錢，卻吝於支付韓國本地專家適宜代價的惡習。早在習近平尚未就任主席之前，韓國某集團便已透過李春雨，促成了習近平姊姊的訪韓行程。但當時的邀請方，不僅搶了李春雨的功勞，連合理的酬勞都不願支付。正在進行規模約七億美元石化項目的韓國某財團，也曾經支付五十億韓元（約四百五十萬美元）給中國中央黨部某實權者的親戚所經營的法律事務所，以獲取地方政府的營業許可。但對於韓國國內的代理業者，竟然只支付了一年的諮詢費。

嚴格的在職訓練

按照職級、職能別的在職訓練，對全體職員來說是非常必要的。三星的在職訓練出了名的嚴格。在人事考核時，雖然業務績效十分重要，但若是沒有好好接受在職訓練，也同樣會被排除在晉升名單之外。

三星的龍仁研修院固定安排十週的語言集中課程，已婚者到了週末可以回家，但未婚者則必須留在研修院裡自習，學習的專注程度非常高。上完語言課程的人，都給予很高的評價：「只要不是太笨，十週的集中課程結束後，就算單獨到國外出差，業務處理上也完全沒有問題。」三星很清楚，學習語言不在於課程安排的祕訣，學習上的專注程度，才是最重要的關鍵。

而中長期的教育課程，則專門委託成均館大學和韓國科學技術院開辦碩士程度的課程。這原本只適用於長期派駐海外的職員，但目前三星也要求社長級以下的幹部接受此一課程。

三星電子負責對外的朴東健社長，是一九八三年進入三星半導體產品技術組的正統三星人。入職十年後，才被公司選拔為海外研修者，到加州柏克萊大學取得博士學位。朴東健學成歸國後，主要在三星電子記憶體事業群和半導體研究所負責研究工作。二〇一一年，被委以三星電子ＬＣＤ事業群製造中心主管的重任，跨足面板領域工作，成為二〇一二年成立的三星顯示之第一任社長。像朴東健一樣到海外進行長期研修，是三星工程師的夢想。

未來戰略室人事支援組主管鄭賢豪，也曾被選拔為海外研修者，到哈佛大學取得ＭＢＡ學位。正與新羅酒店社長李富真辦理離婚手續的三星電子副社長任佑宰，則是麻省理工學院碩士；三星證券代表理事尹用岩，也曾留學麻省理工學院。

強大的審計（經營分析）組

三星的審計功力，被外界評為較韓國政府的審計處更為卓越。但事實上，是因為有慣於走非法途徑的系統為背景，才會出現如今強大的三星審計組。

首先，未來戰略室的經營分析組會定期和各子公司審計組召開會議，分享各自調查的情報。除了製作會計傳票的業務審計之外，在不定期的審計中，這些組織也大大發揮了本身的力量，可以在和三星集團長期往來的商業銀行裡，查閱三星職員的帳戶。曾任三星電子副會長的某位人士，在擔任部長期間就曾被審計組告發，吃了一頓苦頭。

前三星汽車社長洪鍾萬、三星社會貢獻委員會副會長朴根熙、未來戰略室人事支援組主管長鄭賢豪，都曾經是經營分析組的主管。

三星生命的獨特企業文化

三星每個主要子公司都各自有獨特的企業文化，三星電子則認為整個三星集團都是靠他們養活的。這些人在集團強大的中央集權制體系內，有時會成為集團內部利害關係與衝突的起因，甚至還可能拒絕服從指示。

三星生命素以強大的團結力及排外意識聞名。在三星生命，只有從新進人員時就一直在三星生命中一步步往上爬的人，才待得下去。這種獨特的企業文化，讓這些人非常自傲。他們認為，今天以三星電子為代表企業的三星集團，其實都得歸功於三星生命當年流血流汗的努力，才打下了今天的基礎。三星電子投資半導體的原始資金，也來自三星生命。

二〇〇〇年以前，至少在三星集團傾全力於三星電子之前的一九九〇年代為止，三星生命在集團內的地位是無庸置疑的。但自從二〇〇〇年後，三星將力量投注於三星電子，過去以三星生命為主的金融事業群逐漸萎縮。此外，十五年來，全球金融事業也發生了驚人的變化，但以三星生命為首的三星金融事業群，卻未能累積人才和業務上的力量；尤其是金融資產運用部門，一直到最近才開始放眼海外。

三星生命的子公司三星SRA（Samsung Research America）資產運用公司，最近已締結買賣契約，收購位於德國法蘭克福的銀塔（Silver Tower），同為子公司的三星生命和三星證券則作為投資者出面。大樓收購價格約為六千兩百一十七億韓元（約五・六億美元）。三星SRA資產運用公司成立於二〇一二年十一月，乃是收購三星資產運用的不動產基金而成立的。代表理事吳宗燮（音譯）曾在美國不動產顧問公司CRBE擔任副社長，是一位海外不動產專家。過去將眼光集中於韓國國內的三星生命，如今在不動產投資方面出現了很大變化，備受矚目。

今後，三星想在中國發展的新未來事業，是三星生命的保險商品和服務業。曾經是三星集團母公司的三星生命，將如何在中國市場上構建和現今三星集團不同的企業競爭力，令人拭目以待。

自十餘年前開始，主要報社中原本「三星獎學生」的名號，如今已成了「三星臥底」的可笑稱呼。

第8章。三星如何玩弄媒體、製造輿論？

製造輿論的方法

在三星集團擔任公關業務的部門，過去稱為戰略公關組。公關業務並不限定只單純扮演與企業外的顧客、團體、媒體之間的溝通角色，還包括了企劃上對外合作的業務。

未來戰略室企劃組因為與企業主的經營權掌握結構相關，於是在公關組的協助下，也直接參與廣泛製造輿論的工作。最近三星為了合理化集團的循環出資結構，強烈抨擊限制金融資本掌控產業資本的所謂「金產分離」政策。

三星通常以該政策的決策者們為目標，採取活用報章社論的方法來製造輿論。找上隸屬報社的社論委員來帶風向，是傳統輿論工作的一環；也會請大學教授們以投稿或專欄撰稿的形式，來達到製造輿論的效果。

在製造輿論之前，必須先採取一些合理的措施。三星要求，各子公司的公關部門必須隨時針對意見領袖，進行開放式或封閉式的民意調查，以進行輿論監控。名門大學的教授深知三星的意圖，因此有部分教授不願配合；那麼三星便會邀請這些教授擔任集團內部研討會的講師，給予數千萬韓元（數萬美元）的講師費。

此外，三星也會活用較好掌控的地方大學或私立大學的年輕教授們，來組成筆戰的陣勢。三星甚至會贊助這些教授們所屬的大學或附設研究所舉辦各種國際研討會，並且讓媒體刊載研討會上討論的內容。

長期又深入的對外關係

過去在三星裡，針對握有主要決策權的對外團體或個人（政府或國會等）的業務，稱為「涉外」；後來則統稱為「對外合作業務」。

所有對外合作業務的基本，就是在進入立法階段時，就反映出三星的立場。負責國會的主管，以常任委員會幹事和委員為主要攻克對象。監控定期國會在國政監察期間的主要常任委員會動向，是各個子公司必須負責的日常工作。三星針對青瓦台、政府、國會的對外合作業務，集中由未來戰略室企劃組負責。

三星的對外合作業務有一個特點，就是對於和三星有利害關係的意見領袖，絕對不會砸錢讓這些人成為友軍。時常面對面的接觸和小禮物、長期的人際交流，為其特徵。三星集團曾有一位主要負責中央某經濟部門的主管，在該部門的五百多名職員中，他可以和包括女職員在內的三百多人以電話交流。由此可見，三星對外合作的特徵，就是專業化。

三星等於老大哥

在三星的成長歷史中，曾得到新聞媒體的幫助，也受過新聞媒體的批評。新聞媒體是輿論的先導者，也是輿論的代言人。但媒體本身不見得都是好的，必須擁有本身的生態系統，培育並使之繁茂才行。因此，對於已經在韓國整個社會已成為老大哥（Big Brother）的三星，新聞媒體逐漸喪失了批判能力。就算要批判，也會受限於媒體的利益，只啟動部分能力。就算三星沒有試圖控制新聞媒體，媒體也會自我設限，棲居於三星製造出來的生態系統裡。

三星直接干預新聞媒體的歷史十分悠久。從一九六〇年代的《中央日報》和東洋廣播（TBC）開始，至今仍掌控以《中央日報》和JTBC為代表的中央媒體集團。三星也是《韓國經濟新聞》的第二大股東，參與其事業的經營。

三星和新聞媒體之間的紛爭，最具代表性的例子便是以一九九〇年代《朝鮮日報》和《中央日報》分社的糾紛為導火線，所引發的衝突。在將近一個月持續不斷的衝突過程中，《朝鮮日報》報導了近九百多件與三星相關的新聞。最後包括《中央日報》在內的整個三星集團向《朝鮮日報》投降，才總算結束了這場糾紛。至少在這時，面對以無冕之王自負的《朝鮮日報》，三星還是不得不投降。

隨著三星日漸壯大，新聞媒體的事業環境卻逐漸惡化之情況下，三星的影響力已經到了獨步天下的程度。最近，三星和《電子新聞》之間連續六個月的糾紛，算是一個代表性的例子。以下是《今日媒體》（*Media Today*）（譯註：原為全韓新聞媒體工會成立的勞工報，近來成為評論媒體的左派刊物；主要批判保守派報社，報導一般媒體不敢報導的社會問題）刊出與該糾紛相關的部分社論內容。

> 《電子新聞》對於三星電子 Galaxy S5 零組件採購問題的報導，在經過了六個月後，於九月二十五日承認錯誤報導，登出更正報導。這也等於之前堅持非錯誤報導，拒絕三星要求的《電子新聞》，宣布投降。另一方面，也表現出三星電子以金錢迫使一家報社屈服的嘴臉。……自從《電子新聞》刊出採購問題的報導後，三星電子就斷絕了廣告委託，同時對記者提出巨額訴訟，不斷以金錢誇耀自己的力量。三星不以

法理或溝通，而是以金錢的威力迫使一家報社屈服的做法，對所有的新聞媒體都是一大傷害。三星應該要知道，其後果將由三星電子獨力承擔。

新聞媒體的本質功能，在於牽制權力。在全球的新聞媒體中，少有電子產業新聞是以日刊的形式發刊。在韓國紡織業發達的時期，也曾出現紡織業專業新聞；但隨著紡織業的衰退，此類新聞的影響力也逐漸式微。三星電子和《電子新聞》之間持續六個月的對立，讓三星電子意圖掩飾的許多問題點，在電子產業專業媒體深入探討的視角下，暴露於世人眼前。不管出於什麼原因，新聞媒體對擁有強大權力的三星所起的牽制作用，對三星而言，實不失為一個反躬自省的好機會。所以，當三星在這起糾紛中認為自己獲勝之時，也別忘了，可能因此迎來另一個悲劇。

然而，三星製造出的「三棱鏡」和「攻擊性火焰」，不只改變了新聞業的結構，也改變了部分記者的意識結構。自十餘年前開始，主要報社中原稱「三星獎學生」的名號，如今已成了「三星臥底」的可笑稱呼。三星獎學生的問題，已經不是一、兩天的事情了。三星獎學生不只分布在各大媒體間，連政府、立法機構、司法機構、市民團體中，也都不乏這些人的存在。

隨著入口網站影響力大增、網路新聞和綜合性電視節目的登場，報社的新聞環境日漸惡化，其傳統收入管道——廣告委刊，也變得越來越少。

如此一來，廣告市場中出現了居於絕對地位的三星和報社之間的新管道，也就是贊助。在傳統收入管道受其他媒體牽制的情況下，所謂的「贊助」便應勢而生。三星按照各媒體集團之類別所提供的贊助，乃透過集團子公司的廣告代理業者第一企劃來進行。在此過程中，三星支出的廣告金額中一五％的廣告代理費，就落入了第一企畫的口袋。三星透過這種不顯眼的贊助方式，更顯出想按照自身意圖左右新聞媒體的傾向。

報社出身的記者們跳槽三星，這也成了一大問題。當然，職業的選擇，是個人自由；媒體人也不是公務員，並非退休禮遇的對象。但問題就在於，負責報導三星消息的記者或主編、媒體高階幹部，都有著日後跳槽三星的念頭，在採訪、報導、播放時就會有所偏頗。再者，各媒體的高階主管如果對編輯部或製作部在報導三星相關消息時，做出具有影響力的發言或行為，也會形成很大的問題。

過於仰賴新聞媒體

此次經營權接班的過程中，三星極度依賴新聞媒體。對於出售包括三星Techwin在內的四家子公司，三星並未對外正式發布消息，而是在事前把消息透露給媒體，採取被動應對的態度。對於三星SDS股票上市所產生的差額利潤收益，三星也沒有直接和三星經濟研究所經營戰略負責人金仁宙、或前戰略企劃室主管李鶴洙對話，而是透過媒體以追擊的方式進行批判。就金仁宙的狀況而言，三星以媒體報導金仁宙位於南楊州市的別墅非法占用公共用地為由，迫使他從三星期貨公司（Samsung Futures）的社長，降到二線的三星經濟研究所。此外，對於三星電子IM事業群和家電事業群合併以及隨之的人事變動，也是利用外電報導來試探輿論的反應。

三星玩弄媒體的手段，已經超過合理限度，到了明目張膽的地步了。而三星也有被主要媒體牽著鼻子走的時候。新聞媒體就像一把雙面刃，三星的公關組，為了實現經營權接班這個一生中最大的課題，必然會使出渾身解數；但隨之而來的後遺症、弊端和副作用，也令人憂心。公關只是經營活動的無數手段之一，其地位如果超越財務、人事、企劃，就一定會發生問題。

在三星的財產繼承和經營權接班的過程中，媒體扮演了十分重要的角色。於是，《中央日報》媒體集團和其企業主洪錫炫的向背，就變得格外重要。三星的未來戰略室和三星電子的公關組，負責與國內外新聞媒體維持良好關係；但主要媒體對三星的報導內容，預料將由洪錫炫來定調。

洪錫炫和韓國國內主要媒體集團的企業主之間私交甚篤；尤其自

二〇一三年聘請孫石溪擔任JTBC社長後，JTBC就被隸屬同一媒體集團的《中央日報》記者批評為左派廣播電視台，而洪錫炫也成為唯一擁有可掌控左、右派論調的真正無冕王。二〇一四年十一月，三星將四家子公司賣給韓華集團之後，《中央日報》竟大幅報導韓華集團脆弱的財政現狀。這也顯示出，在三星事業調整和未來經營權接班的過程中，洪錫鉉想透過自家媒體行使影響力的意圖。

Part 3

三星的挑戰與未來

渡河後必須丟掉竹筏，
才能登上更高的山頭。
沒有路，就修出一條路。

第9章。Galaxy已近日暮？
——市場衝擊與內部隱憂

低價手機來襲，市占率大幅下跌

三星加入智慧型手機事業的腳步，雖然比蘋果晚，但因為發揮了特有的專注力，集合了管理高層的快速議決、豐富的資金和人才軍團，在縮短研發速度、完善量產體系、擴充全球銷售網等方面，獲得了成功。

曾經一度考慮放棄的三星SDI，也因為產品群的迅速擴張，才得以躋身全球性電子廠商之列。但從二〇一三年初開始，集團內部一角出現了智慧型手機市場成長極限論，甚至傳出三星未來戰略室主管崔志成夜裡輾轉難眠的傳聞。

二〇一四年第二季，三星寫下了營收高達七十億美元的紀錄；其中，IT行動通訊部門的營收占了六一％。但著名信用評級公司惠譽國際（Fitch）於二〇一四年八月公布的報告，卻對三星電子的未來頗為悲觀。報告中指出，二〇一五年底在新興市場，可能會因為當地業者擴大低價行動電話市場的衝擊，導致三星的全球智慧型手機市占率跌到二五％左右。二〇一四年，蘋果和三星的智慧型手機整體出貨量，預計將停留在四億六千萬台左右；而全球的智慧型手機市場在同一時期，成長近二〇％，預估將達到十二億台。三星二〇一三年的出貨量，占整體行動電話的三〇％左右；但二〇一五年，將由已確定出貨量占六〇％以上的印度和中國，來帶動智慧型手機市場的成長。

中國的小米、聯想、華為，以及印度的Micromax Informatics等當地手機製造廠商，在中、印兩個國家裡，都將成為三星的主要競爭對手。從全球著名的市場研究分析機構國際數據資訊（IDC）

所發表的研究報告中可知，二〇一四年第二季度，蘋果和三星的智慧型手機市占率下跌，蘋果僅下跌一．一％，而三星則大幅下跌了七．一％。

中國市場在二〇一四年第二季，由當地品牌小米搶下中國智慧型手機市場的一四％，壓倒只占一二％的三星，獨占鰲頭。英國市場研究機構Canalys指出，三星的市占率比起前一年的同期，下跌了六．三％。印度國內也出現類似的情況：當地的智慧型手機製造廠Micromax，以一六．六％的市占率，超越了市占率止於一四．四％的三星，首度登上行動電話市場的巔峰。Micromax以印度為中心，正逐漸往西南亞和俄羅斯擴大其市占率，對三星電子造成極大的威脅。

最終，三星以其特有的快速人事與組織改組方式，來對應短期間市場的情況。二〇一四年八月一日，Galaxy S系列的開發功臣、革新製品開發小組組長盧泰文，被任命為無線事業產品戰略小組總監。他將總管包括現有的商品企劃開發，甚至連商品策略也在其管轄之下。如此的人事命令，被解讀為是替三星電子無線事業的成長停滯找出一條活路。

智慧型手機事業停滯、內部矛盾加劇

二〇一四年七月，《彭博商業週刊》有篇報導指出，三星原本想藉由人事改組在組織裡掀起適當的緊張感，但這個策略本身出了差池。二〇一四年第二季度業績下滑，和由李在鎔繼承經營權的議題重疊，出現了組織文化更形僵硬的副作用。

《電子新聞》的記者李亨洙（音譯），也在二〇一四年七月的分析報導中指出：

近期三星電子的高層幹部在工作上，比起採取進攻推動事業的做法，反而在逃避責任上有越來越強的趨勢。不思如何為停滯不前的智慧型手機事業尋找突破口，反而只想將威脅到自己職位的危險降到最低。

同一時期，媒體也出現三星電子無線事業群裡的採購部門和製造部門之間，發生嚴重內訌的報導。原本只起因於越南工廠製造的Galaxy S5用相機模組（Module）出現異常，導致這兩個部門之間出現矛盾，最後竟然升高到集團最高管理層之間的陣營對決。後來三星以無線事業群業績下滑為由，在二〇一四年十二月的集團人事案，將該事業群的社長兩人調降至第二線，才結束了這個問題。

> 一個組織的崩潰，就像這樣——不是從外部，而是從內部開始潰堤。

李在鎔體系必須在安定的狀態下接班，方能妥善啟動。在經營權完成接班的階段，組織發生內鬥實在不是一件可取之事。因為組織內部不協調而導致沒落的代表性企業，首推日本的索尼。美國哥倫比亞大學商學院的大衛・羅斯（David Ross）教授說：

> 索尼是早於亞馬遜 Kindle 和巴諾書店（Barnes & Noble）的 Nook，開發出 e-book 的領導者。但令人不敢置信的是，竟然因為過多內鬥，導致在商業化的過程中遭到失敗。MP3 也曾經處於可能成為龍頭的潛在地位，卻因為旗下的音樂事業群（索尼音樂娛樂）擔心遭駭和非法下載，而強烈反對，最後變得可有可無。在這期間，蘋果的 iPod 崛起，

佔領了整個世界。

從「多方播種」到結構失衡的隱憂

三星所謂「多方播種」的經營方式，乃承繼自李健熙的經營體系。其經營理念就是多方面的投資，即使失敗，只要其中有一項事業成功，就能彌補其餘失敗事業的損失。

《彭博商業週刊》在二〇〇三年六月以三星作為封面故事，開始注意到三星的經營方式，不是集中核心力量、持續在硬體事業上的大規模投資；而是採取多樣化的投資，以水平方式結合。

但「多方播種」的經營方式，卻一直被批評為職能性企業官僚組織，工作上缺乏核心意識的典型。韓國中央大學教授李南錫（音譯）指責：

> 追根究柢，這就是不願承擔責任，完全不考慮在費用上會造成重疊、混亂。

前三星電子社長黃昌圭在二〇〇九年首爾大學的演講中便提到：

> 一九八八年，DRAM製程要從堆疊式（Stack）和溝渠式（Trench）中決定其一的時候，其他競爭廠商一般都交由工程師來判斷；但李健熙卻採取以兩年時間同時進行兩種製程的方法，最後決定了堆疊式製程。競爭廠商大多選擇溝渠式，最後都關閉事業。這也表示，企業主瞬間的判斷，就會對公司產生重大影響。

黃昌圭認為，李健熙能以兩種方式同時推動事業的進行，是出於他的魄力，也是他的成就。像這樣，同樣的事業分成兩個組織來進行的方式，便是三星獨特的企業文化之一。但換個角度來看，兩個組織之一，也等於是做了白工。

一九九三年，三星生命收購起亞汽車股份的事情被公開後，李健熙做出透過惡意併購（hostile M&A）方式來開展新的汽車事業已不可行的結論；故轉而採取引進國外技術，進軍汽車工業的方向。包括李健熙在內的高層主管們，在與先進汽車業者接觸後，最終選擇與日產和寶獅（Peugeot）技術合作，各自進行協商。這是為了防止如果和單一業者協商破裂，就沒有再與其他業者重新協商的機會，因而採行的雙管齊下策略。

不同於李健熙時代的多方播種，目前三星集團在跨越至李在鎔體系的情況下，事業結構呈現嚴重失衡狀態。如此失衡的情況，將成為李在鎔完全繼承經營權之後，集團內部持續不安的因素，進一步也將嚴重動搖三星集團。

從此岸到彼岸

如今，三星電子無線事業群在攀登更高的山頭之前，正處於「從此岸到彼岸」的過程中。佛經早期經典《阿含經》中有筏喻的故事：「渡河後必須丟掉竹筏，才能登上更高的山頭。」曹溪宗（譯註：韓國代表性佛教宗派）的代表禪師，也是學僧的鶴潭禪師，對《阿含經》裡的筏喻說法，有如下的見解。

竹筏就只是一個竹筏，不管造得再好，再有用，也只不過是一種運輸工具。因此抵達目的地之後，就該果斷地丟棄，不能因為可惜就扛在肩上帶走。

一九九五年八月，三星行動電話壓倒當時世界第一的摩托羅拉，榮登韓國國內第一名的寶座，也創造出Anycall的神話傳說。當時到處掛滿了「適用於山岳地形的超強通訊力」標語，這是在韓國各座山頭進行通話品質比較實驗的結果。二〇〇〇年代中期推出的超薄款Blade，更為三星鞏固了市場。

從那之後，二十年匆匆而過。許多專家都認為，三星智慧型手機的強項，不是技術創新，而是市場行銷。然而Galaxy雖然在世界智慧型手機市場成功地搶占第一名的寶座，但為時不過三年就開始走下坡。傳統手機Anycall和Blade，其成功祕訣在於李健熙於市場行銷上龐大的貨量支援；而智慧型手機的成功，則是發揮了三星過去累積在產品、人力系統及程序上的能力。

但問題在二〇一二年三星登上顛峰之前，便已開始浮現。三星的成功在於行銷，但卻錯認為贏在自身的製造業基因。三星這個品牌，無法如「Intel Inside」一般，出現在半導體內置零件上。歐美消費者並不在意Galaxy是哪裡製造的，就如同他們並不在意蘋果iPhone是哪裡製造的。

三星對於蘋果透過富士康聯合開發產品，並委託製造一事，置之度外；對小米的代工生產方式也嗤之以鼻。三星把產品必須放在實體賣場銷售，視為理所當然之事；因此小米的網路行銷方式，根本不存在於他們的意識中。更對於現實中連大型電視機都已經透過電子商務銷售的情況，毫無所感。因為三星大部分產品都透過家電賣場銷售，讓他們無法正確地掌握到這股潮流，三星只知埋首於提升製造部門的生產力。

但製造業的工廠，如果脫離了市場，就只是一個倉庫而已。三星在銷售產品之前，就先蓋工廠。接著為了消化堆積在倉庫裡的庫存產品，投下龐大的行銷費用。近期在越南蓋的幾座工廠，如不開工，就會產生驚人的固定成本；就算再勉強，也必須創造出市場，讓工廠運轉並銷售產品。好歹也得賺回固定成本，這就是量產製造業的宿命。

三星想在智慧型手機市場上存活，就必須將 Galaxy 作為高檔品牌，另外開發第二個品牌，採取比小米更低價的策略來銷售才行。更根本的解決方案，當然是行動通訊系統。在不具備完善行動通訊系統的國家，就無法銷售智慧型手機；但取而代之，卻可以銷售通訊設備。從這個角度來看，或許可以調整專門製造通訊設備的三星電子網路事業群，和製造維修通訊基地台天線的三星SDS之間的業務。

只要定下一個明確的方向，路就在眼前。沒有路，就修出一條路。

如果三星的決策者不能和消費族群分享生活體驗，那絕對無法做出正確的市場行銷策略。小米能洞悉此種變化的潮流，其成功絕非偶然。

第10章。三星最大的中國挑戰——小米登場

中國第一，就等於全球第一

中國在全球智慧型手機市場所占的比率，從二〇一〇年的九%，到二〇一四年第二季度激增到三五．六%，占有率幾乎超過全世界市場的三分之一。也就是說，如果能成為中國市場的第一名，就等於是全球第一。中國的智慧型手機市場規模，是韓國國內市場的十六倍之多。二〇一三年九月，三星電子的Galaxy Note2、Galaxy S4、Galaxy S Duos、Galaxy Mega5等四項產品，全都在中國智慧型手機銷售榜的前五名。但到了二〇一四年八月，竟全數跌出榜外，遭遇空前的慘敗。相反地，蘋果在二〇一四年第二季度，雖然並沒有在中國市場推出新產品，銷售量卻比前一年同期增加了四八%。

第三季度，三星依然處於苦戰的狀態。根據美國市調機構凱度（Kantar Worldpanel）行銷顧問公司的行動通訊消費者指數（ComTech）報告，小米在第三季度的市占率為三〇．三%，登上第一名的寶座。在此期間，小米在中國總計售出一千八百萬台，市占率較第二季度增加了一八%。相反地，三星的市占率停留在一八．四%，必須延續第二季度的第二名位置。

小米不容忽視

《金融時報》專欄評論家戴維．皮林（David Pilling）分析，三星不該只專注在與蘋果的競爭上，也必須在價格競爭上出戰以小米為首的中國業者；但這並非易事。一九七九年出生的韓國國立外交院專任講師陳莉，曾經以中國人的視角，分析小米和其使用者（米粉）：

相當於中國版推特的微博，已經大量培養出擁有十萬名以上粉絲關注的強大博主。每當社會上發生重大事件，中國人都會先看這些強大博主的評論。在中國的網路上，人們可以比較自由地參與討論，發表自己的看法。智慧型手機的主要用戶是二十、三十世代的人，因為房價暴漲和就業困難，讓這些人一生下來，就被迫加入一場不公平的遊戲，因此也對上一代懷抱不滿的情緒。能正確掌握如此氣氛，並加以利用的企業，就是小米。

小米，就是「粟」的意思，也表示「微不足道的存在」。雷軍一直強調「小米加步槍鬧革命」，這是直接援用抗日時代毛澤東常喊的「小米粥配步槍」口號。這句話裡隱含著「雖然小的微不足道，但不管遇上多麼強大的敵人也不害怕」之意。

雷軍秉著如此精神，攻陷年輕世代。這不是單純的愛國心，而是將社會階層之間相互提拔的心理，應用到行銷上而已。在三星所依賴的當地大量資料中，並未出現如此的分析。如果三星的決策者不能和這些消費族群分享生活體驗，那就絕對無法做出正確的市場行銷策略。小米能洞悉此種變化的潮流，其成功絕非偶然。

三星和小米的戰線，已經擴張到印度市場。小米加快腳步，進入印度這個超越中國、冉冉而起的新興龐大市場，和印度電子商務龍頭 Flipkart 合作。

三星如今意識到小米的威脅，走在網路銷售和實體流通業者兩者之間複雜的鋼索上。因為三星的腳步若伸向電子商務，實體流通業者反彈的可能性很大。但不論是三星電子社長申宗鈞、未來戰略室副會長崔志成，甚至是李在鎔本人，面對一年多來已經在中國這個全球最大市場贏過三星的業者，至今仍無法決定該採取何種銷售管道作為對應之策。

小米的競爭力

二〇一一年八月十六日，小米CEO雷軍手裡拿著的，是第一代小米智慧型手機「小米1」。北京發布會場的螢幕上，標示的數字是「一九九九元」（人民幣）。

中國IT專欄作家、線上行銷專家何燕，回憶當時「小米1」發布會場的情況。這是一場非常成功的上市發表會。

二〇〇九年，雷軍看到三星將在越南河內附近投資大規模行動電話工廠設備的報導後，就開始潛心研究。他很清楚，如果以製造業者的身分和三星正面對決，必然會因為缺乏價格競爭力而落敗。事實上，若想在中國全境建構整個網際網路，投資經費將會是天文數字。因此最後，雷軍的結論是：製造採取代工的方式，而銷售則活用網路來進行。

雷軍很清楚 Google 直接上市銷售的 Nexus 1 失敗的原因。Google 將 Nexus 1 以線上方式銷售，其失敗主要在於銷售通路商的反彈、補助金不夠實惠等因素。因此核心重點就是，必須時時與消費者緊密相連的行銷通道不足所致。雷軍為了彌補網路行銷諸如此類的缺點，要求所有職員都必須擔任客服工作。先培訓經常在網路上活動的網軍，投入產品宣傳戰線。

小米是一家行動上網業者，企業哲學與產品都來自網路，在進行雙向溝通後，會將結論毫不猶豫地活用在生產和市場行銷上。雷軍說：「我們的競爭力，就是不斷改進，直到客戶滿意為止。」如此的哲學，似乎和毛澤東十分類似。毛澤東曾說：「一旦開始寫毛筆字，就要一直寫到滿意為止。」雷軍的事業哲學，可以說是延續了開創中國的毛澤東精神。

三星後來雖然也開始將目光轉向中低價智慧型手機，擬定價格調整和新款上市的策略；但中低價智慧型手機的利潤很低，並且除了價格競爭之外，還會產生多元化生產線的研究開發費用。想在中低價位市場搶占競爭優勢，並不容易。

三星在中國市場端出的打破成長停滯方案中，最引人注目的是降價策略。三星為了清理庫存，第一步就是將中國智慧型手機的售價下調一〇％到二〇％，並且在二〇一四年十一月推出中低價位智慧型手機 Galaxy A 系列。

《中國經營報》指出：

三星在中國市場想以減少電信業者補助金之類的結構變化，來恢復原有的市占率，進而擴展的可能性不大。此番降價促銷，讓人不禁擔心三星智慧型手機部門的品牌形象會受損，利潤反而因此更加減縮。

令人驚訝的是，二〇一四年第二、第三季度，小米竟繼續蟬聯第一名的寶座。當三星電子致力於維繫與行動通訊業者的關係時；小米則透過網路或社群網站行銷，直接抓緊消費者的心。這種方式果然奏效。

小米的商業模式，是以接近生產原價的價格銷售手機。雖然利潤減少，但卻能從服務、周邊產品、應用軟體銷售等方面賺取利潤。同時，以網路行銷為主的銷售方式，也將流通費用降到最低。相較於現有業者在離線通路上所支付的龐大費用，小米利用線上網路，直接減少了八〇％到九〇％的流通費用。再者，透過網路連線，接單後再生產，也能最大地減少生產費用和庫存費用。

此外，在社群網站的行銷策略上，小米也高出三星一等。小米採取十分積極的策略，他們組織了約一百名左右的傳單軍，專門收集使用者的創意，並直接反映在軟體和產品設計上。而隨著使用者參與策略的實施，針對產品缺點和改善方案等使用者的反饋，小米也能即時做出回應；甚至在開發階段，就參考了潛在顧客的看法。在如此的用戶參與過程中所產生的口耳相傳效應，更透過社群網站的廣泛傳播達到最大化，直接促使了銷售量的增長。

一般咸認，小米產品的硬體樣式，比起蘋果或三星電子，相對來說是低端許多；但竟能與蘋果、三星在市場上平起平坐較量，不得不說，是藉由上述開發軟體過程所凝聚的力量。小米創辦人雷軍和林斌是軟體設計專家，在產品開發說明會上，小米顯然更勝三星一籌。《彭博商業週刊》對此評價表示：

與三星電子將銷售重心由高端手機轉移到低端手機不同，小米以低端手機為基礎、再擴大到高端手機，未來更顯高瞻遠矚。

二〇一四年七月二十二日，小米推出旗艦機型「小米4」。這款手機與三星或蘋果的現有機種相比，於外型上毫不遜色。「小米4」使用金屬素材，並強調高級的設計。價格卻只有三十多萬韓元（約二百七十美元），將其市場競爭力推向最高。小米以這款產品作為武器，眼光轉向印度等海外市場。業界對此眾說紛紜，許多專家認為，小米和三星電子之間的戰爭於焉開始。

近來，小米競爭力的祕訣，已具體顯現。小米全球副總裁胡哥．巴拉（Hugo Barra）在《Quartz》二〇一四年十一月的訪談中，針對賺取利潤的祕訣有如下描述：

製造低價手機也能賺取利潤的祕訣，就在於款式數量不多，以及產品長期在市場上銷售的壽命。「小米 2S」的壽命甚至超過兩年以上。除了三星 Galaxy S3，能維持如此銷售壽命的機種，可說微乎其微。如果市場上的產品銷售壽命拉長，從製造成本上來看，在長期銷售之下機器價格不變，但製造零組件價格降低，從中便能賺取利潤。

點。

當然，也不能忽視小米透過線上銷售，大幅減少行銷費用這一點。

此處我們必須提到的是，小米委託為蘋果代工的富士康公司，生產製造小米機此一事實。同時也必須認知到，小米不僅是一家選擇網路銷售的公司，更是繼阿里巴巴和京東商城（JD.com）之後，中國第三大的電子商務公司。

小米也將進軍電視和智慧家庭市場

小米靠著低價行銷與網路銷售之策略，也攻占了中國電視機市場。小米的四十九吋超高畫質（UHD）電視，價格僅人民幣三千九百九十九元；與三星和LG在二〇一四年初推出的相同尺寸電視之價格兩百九十萬韓元（約人民幣一萬六千兩百四十元）相比，小米等於是以四分之一都不到的價格，吸引消費者購買。

小米也做好了進軍智慧家庭的準備。將智慧型手機或穿戴式裝置與智慧型家電連接在一起的智慧家庭，被認為是三星電子打破智慧型手機市場成長停滯局面的對應方案。中國的智慧家庭市場，預計將在二〇一八年擴大至人民幣一千三百九十六億元的規模，約占全球市場的四分之一。

小米自數年前起就推出諸如智慧型電視、電視機上盒、智慧型路由器等產品，為了成為智慧家庭市場的強者，進行了一連串的作業。近來，小米更與中國大型建商攜手，正式推出智慧家庭平台。這個平台提供以智慧型手機全方位控制家中的空調、監視器、電燈等等的服務。

三星不得不擴大與小米之間的戰線。小米雖然藉由軟體的差別化，在市場上維持相對較安定的地位；但在基礎技術上，比起三星，至今仍難望其項背。小米雖然想製造大尺寸的行動電話，但技術力仍然不足。畫素、電池、面板技術，是智慧型手機的核心技術。可以使用一天以上的電池、六吋以上鮮明畫面、可彎折面板和折疊式面板等技術，目前仍是三星最大的武器。不僅如此，包括蘋果iPhone在內，全世界大多數行動電話的核心零件，至今仍由三星電機等三星旗下子公司供應。

小米創辦人雷軍自小被稱為才子，武漢大學計算機系只念了兩年就畢業。年僅二十九歲，就成為中國代表性IT企業金山軟件公司的執行長。一年要換三、四支手機的雷軍，是蘋果iPhone和iPad的愛用者。雷軍的投資感更是與眾不同，這由他設定行動上網、電子商務、社交網站平台等三個方向，並投資符合此方向的五家線上公司之周密考量，可見一斑。他利用在股市上賺得的錢，於二〇一〇年四月創立小米。短短不到四年內就功成名就的雷軍，舉出小米成功的四大祕訣：

1 一年只推出一項產品（專注）
2 藉此追求最優秀的產品（極致）
3 真心的服務，確保客源（口耳相傳）
4 開發週期最小化（迅速）

但小米提出的「按支付順序發貨」以及新產品上市時的「限量銷售」，在先進國家的市場卻達不到效果。部分專家認為，小米的銷售由線上跨越到離線市場，是否可說是因應銷售量增加或來自消費者的要求，尚屬疑問。

不可小看的對手——擁有「狼文化」的華為

比小米更早開創智慧型手機事業的華為，以通訊設備製造廠起家。二〇一三年，年銷售額達到四百億美元。華為同時也是英國兵工廠球團（Arsenal Football Club）等歐洲職業足球隊的贊助商，熱衷體育行銷。並且在展開網路設備事業的同時，也以分布在全球各地的據點為中心，和各國電信業者維持良好關係，讓銷售量維持穩定成長的可能性大增。

華為擁有化個人能力為組織力量的企業文化，又名「狼文化」。狼總是成群結隊，有共同圍捕獵物的習性。華為的員工都很年輕，平均年齡二十九歲，四六%集中在研究開發領域。執行長由三位副會長輪番擔任，這是為了防止單獨決議的危險。華為是未上市公司，因此不必看股東的臉色。他們將銷售金額的一〇％投資在研究開發上、提高職員的薪資，在員工福利方面也投入大量資金。

二〇一四年十一月十二日，華為在首爾召開記者會，發布「目前正在韓國興建研發中心，不日即將完工」的消息。業界認為，華為在韓國設立研發中心，目的是為了學習韓國的行動電話相關技術。因為韓國的技術已擁有世界最高的製造水準與競爭力，同時也希望能活用韓國豐富的研究人力基礎。

過去，中國的電子業者透過標竿學習（Benchmarking）的方式，快速吸收韓國、日本等先進國家企業的技術，獲得了成功。華為也採取相同的策略，在主力事業通訊設備上有了快速成長。

在組織內部特別成立三星電子研究小組的華為，在二〇一四年第二季度，更成為繼三星電子、蘋果之後，世界第三大的智慧型手機製造業者。但到了第三季度，卻在小米和LG電子的雙重夾擊下，退居至世界第五位；連中國智慧型手機的盟主位置，也不得不拱手讓給小米。

主管華為智慧型手機事業的終端手機產品線總裁何剛（Kevin Ho）表示：「今後會朝著開拓新的流通渠道方向發展，不僅是現有的實體賣場，還計畫擴張到線上流通網。」這是針對小米以線上銷售就在二〇一四年第三季度賣出一千八百一十萬台的銷售方式，所做出的對應之策。

如今，中國業者的世界化策略，是將韓國業者，尤其是三星電子，徹底作為學習標竿、並以學習成果作為基礎，所進行的一連串發展。中國業者對三星的技術興趣不大，比起技術，他們更想學的是行銷祕訣。中國人經常到大學裡尋找擔任客座或專任講師的前三星高階主管，向他們請益。

值得憂慮的是，透過這些已離職的高階主管，三星的內部情報逐漸流出。三星正朝著培育記憶體半導體、面板等核心零組件之事業競爭力匍匐前進的策略，已被中國業者看穿。雖然三星面板目前仍掌握領先技術，但面對中國政府全力支援而急速成長的京東方（BOE）等中國企業，將韓國製造的面板賣給中國製造業者的價值鏈正在崩潰。據面板調研機構IHS的統計，京東方已在二〇一四年第三季度取代三星，成為全球手機面板模組的龍頭。預估在兩、三年內，中國就可以成為全球最大的面板廠生產國。

二〇一四年十一月，三星顯示邀請小米高層主管參觀工廠，尋求平板電視顯示面板的供貨方案。這不禁讓人想起，過去由於三星供應電視用LCD面板，讓索尼得以東山再起之事。這是三星採取的垂直系列化模式之下，無可奈何的雙面結果。日本的夏普和日本顯示公司（Japan Display Inc.），目前也正在供應小米智慧型手機用液晶面板。

三星必須擺脫傳統製造業者的心態——IT企業的存在基礎是市場，是使用者。

第11章。當務之急——強化IT事業、打造平台經濟

強化IT事業

三星必須認清，如今的經營環境已轉變成以智慧型手機產業為主的事實。即使最近五年多以來，智慧型手機市場呈現爆炸性的成長，但三星卻沒能獲取「產業典範」。產業典範指的是，透過在相關產業裡長久以來因應市場環境而累積下來的經驗和學習，發展出最有效率的競爭方式。

就製造和銷售方面來看，三星和蘋果截然不同。蘋果在維持研究開發的核心力量之際，製造方面則委託擁有世界級生產線的代工業者富士康。蘋果在獨家作業系統之下，還擁有直營的應用程式商店APP Store。相較之下，三星擁有垂直式系列化零件供應生產線、內建式的組裝系統，以及維持實體離線方式的銷售網，使用Google的

Android系統。

後起之秀中國小米，則標榜和蘋果、三星全然不同的事業形態。以線上銷售為主的行銷網最具特色，帶領客戶積極參與，並直接將客戶需求反應給開發部門。

撰寫本書時，最煩惱的問題之一，就是必須去了解二〇一〇年，在不過六個月的時間內，三星市占率就達到全球第一的過程；以及二〇一四年上半年，三星在中國市場銷量前五名的產品，其中四項在短短三個月內就被擠出榜外的原因。不只如此，還必須分析小米火速席捲中國市場的過程。

汽車工業的玩家，勝敗是以五到十年為一個單位。但是在IT產業，卻是以六個月為單位來決定榮辱。投資也因為先占先贏（first mover advantage）的原則清楚明白之故，每單位的規模可達到數十億美元；一旦失敗，其風險甚至決定一家公司的存廢。

在韓國的現實情況裡，沒有哪一個企業，能比三星賦予職業經理人更多權力了。但在此有個先決條件，就是看似放任型的管理，其實所有事業都明確地掌握在擁有強大領導力、採中央集權方式控制的李健熙手上。因此在經營權接班的過程中，就更加需要如此的控制塔功能。

然而，自李健熙臥病在床之後，不論是未來戰略室還是李在鎔，都無法切實扮演好這個角色。繼任者李在鎔只專注於對外形象的塑造，當面對智慧型手機市場在中國崩垮的危機時，卻看不到有任何一位將領出來防禦——這個角色至少要被賦予與中國市場相稱的職位和任務。

企業的興亡盛衰，越到後來週期越短；IT業界的版圖也如雲霄飛車一般瞬息萬變。一旦錯過消費者的喜好，想要翻盤就不是那麼容易的事情了。如今，IT企業必須致力於技術創新和產品領先，研究消費者的需要，才能生存下去。為什麼必須研究消費群體心理，並針對這些消費者建立雙向溝通策略，其重要性就在於此。

市場競爭環境，已經從供應者快速地轉換到以消費者為中心。過去在大量生產、銷售的體系下，有過一段輝煌時光的傳統製造業，在成長性與收益性上，全都開始走下坡。相反地，Google這類網際網路企業、蘋果等軟體開發能力強大的企業，以及阿里巴巴或臉書等創新企業，都開始超越傳統製造業。

小米現在透過直接接觸，來了解消費者的需求。相反地，三星卻仍舊依賴所謂大數據這種身分不明的模糊對象，來了解市場走向。

三星是一家企業，企業的存在基礎是市場，是使用者。企業領導人只有一點必須向政治人物學習——政治人物在面臨政治危機時，一定會努力上街親近民眾，好好握住每一位選民的手，因為選票都來自人民手中。

以智慧型手機為主的IT產業，增長勢頭逐漸減緩；成功地發展線上銷售事業的小米、蘋果發表了行動付款服務Apple Pay，並且有可能和全球電子商務業者阿里巴巴合作，在在可見市場模式已經出現改變的徵兆。

再者，世界最大的智慧型手機代工業者富士康，也宣布將進軍面板製造業。如此一來，必然動搖三星提供主要零件給智慧型手機競爭業者的供應商地位。三星在中國江蘇省蘇州的LCD工廠投資興建工程，看來也得加快步伐。

不管是蘋果還是三星，很可能會以專利策略來束縛小米、華為等中國業者，讓他們無法跨出中國。當初三星和蘋果在創建市場之際，彼此也曾經利用專利戰，作為擴大市場版圖的策略。

三星在中國市場上擁有主要核心零件製造業者的地位，因此三星正堅定地採取維持此一地位的策略。但在策略上的此種變化，可能會對三星作為成品業者的品牌地位帶來負面影響。三星內部從二〇一三年第三季度攀上顛峰前開始，事業部門的一面倒現象、缺乏彌補軟體不足的創新產品、缺乏新一代智慧型手機、管理結構改組及經營權接班尚未完成等問題，已經延燒了三年。

一九九〇年代，三星在全球市場上，只被視為半導體製造業者。當年，通用汽車面對日本汽車業者的攻勢，在整體房車市占率停滯的情況下，竟想出以高利潤的輕型卡車和休旅車來提升市占率的消極方法，因而走上滅亡之路。同樣的，三星近來在策略上的摸索和變化，也可能會招來自作自受的結果。如今迫切需要的是，應該以一個量產組裝和產品行銷業者的立場，採取強大的品牌攻勢才對。

打造平台經濟

「平台」指的是，一個可以讓不同經濟主體進行多樣化活動的基礎技術或框架。在平台裡，可以利用一定的格式為媒介，將參與者連接在一起，持續創造出新的價值。從智慧型手機作業系統到SNS（Kakaotalk）、線上開放市場（亞馬遜、eBay），到連結全世界供應商和消費者的全球性企業，平台都能適用於各式各樣的不同領域。

二〇一四年十月十六日，紐約市立大學教授傑夫．賈維斯（Jeff Jarvis）在《每日經濟新聞》（*National Business Daily*）所舉辦的世界知識論壇「Google所創造的世界」，對Google之後的世界、以及今後Google將改變的未來，做了一番遠景描述。

賈維斯指出：「具有個人色彩的網路，將使世界走進新的經濟體系。」他表示，Google創造了二十一世紀的「連結經濟」（link economy）。開放會比獨占更具價值，連結越多，越能創造出更多財富。而Google經濟的另一項特徵，就是「平台經濟」。他強調：「Google讓不同的人在Google上開展事業，這就是平台經濟。」

例如球鞋製造商耐吉（Nike），最近推出個人運動管理程式Nike Plus服務；樂高開發出可結合軟硬體，自行編寫程式的機器人製作工具LOGO Mindstorms。當製造業遇上平台，就進化出一種新形態。

蘋果在韓國推出iPhone時，蘋果的App Store就重組了原先以電信業者為中心的市場結構，導向以數位內容為中心的行動通訊市場，改變了整個版圖；Google也以Android系統加入智慧型手機的平台戰爭，目前由iOS和Android系統雙分天下。不只是用戶，連APP開發人員的活動，也全都像是在配合蘋果和Google的平台策略一般。平台一旦安裝，便具有掌控地位。用戶越多，先占先贏的效果就越大，阻止了後來者的加入。

此外，蘋果和Google也考慮到智慧型手機、平板電腦等行動通訊設備，比一般個人電腦的儲存空間要小得多；因此也推出新的文書處理軟體，採取雲端方式，讓使用者不需要在個人終端機上作業，在蘋果或Google的伺服器上就能完成所有文書編輯。就連微軟也不得不加入戰局：二〇一四年十一月六日，微軟表示將免費提供行動辦公室軟體。

以用戶取代收益，利用辦公室軟體將用戶綁定在平台裡——這正是平台經濟的例證之一。

蘋果和Google也正致力於將自家的智慧型手機作業系統，移植到汽車。二〇一四年六月的Google I/O開發者大會，Google發表了Android Auto系統，將智慧型設備上的多樣化功能和汽車連結起來，供駕駛人使用。更利用Google強大的語音辨識功能，靠語音輸入就能駕馭汽車的所有功能。除了導航檢索、電話等基本語音辨識功能之外，音樂欣賞、撰寫電子郵件等，都可以在駕駛途中單憑語音來完成。

平台也會形成一種取代現有產業的新產業結構。亞馬遜已足以威脅沃爾瑪（Walmart）等開放式大賣場，正逐漸取代實體流通市場。韓國最具代表性的例子，就是KakaoTalk。KakaoTalk剛開始登場時，只不過是一種即時通訊的社群網路服務軟體而已。但如今，已延伸到遊戲、廣告、電子商務、線上支付等方面，有了脫胎換骨的新面貌。

KakaoTalk以數以千萬的加入者為基礎，提供平台；而遊戲開發人員及流通業者，則紛紛跨入平台裡。平台的生存策略，便是將供應者和消費者以不可分割的方式結合在一起。也就是說，必須架構足以讓加入者信賴的穩定平台才行。尤其開放式平台服務未來會陸續登場，只要支付低廉的費用便能使用，這就是最大的競爭力。貼近加入者的服務策略，是最重要的關鍵。

蘋果、Google、臉書、阿里巴巴等平台業者，已經掌控了全世界。三星也應該加緊腳步，進化到平台經濟。必須採取新的思考方式、開放性的思考，接受使用者與開發者雙方的水平合作關係。

如果以李在鎔為首的集團最高管理層，無法解讀時代或走在時代前端，那麼三星電子給韓國內外留下的印象，就只是一個擁有龐大組裝工廠的製造商而已。

第12章。三星何去何從？

——尋找未來新動能

新事業何在？

後來才跨足智慧型手機事業的三星，在市場還未成形之前，便已經打出「以供應創造需求」的策略，帶領製造部門的革新。在這裡，李在鎔參與甚多；但隨著中國業者加入，智慧型手機的開發和生產技術，如今已無祕密可言。因為需求成長率的遲緩與競爭日益激烈，使得三星大規模投資下生產的大量產品，在倉庫裡堆積如山。為了消化這些庫存，只好不斷增加市場行銷費用。預料今後三星電子將不可避免地，必須對內部製造部門的結構做出一番調整。

然而，三星是否有可以取代智慧型手機和半導體附加價值的新方案，也就是新未來事業呢？

二〇一〇年，三星重啟未來戰略室的同時，所提出的五大新未來事業是：太陽能電池、LED、醫療器材、生化製藥、汽車電池。當時，三星計畫在這五大新未來事業裡，總共投資二十三兆韓元（約兩百零七億美元）。後來太陽能電池由三星電子移交給三星SDI，LED則計畫採取將三星行動顯示（SMD）和三星LED吸收合併至三星電子旗下的方式來培育，預期將投資八．六兆韓元（約七十七億美元）。

但實際情況是，因為無法避免必須和中小企業的低價投標競爭，導致獲利不良；而在家用市場方面，又被以品牌口碑著稱的歐司朗（OSRAM）和飛利浦等國外競爭業者夾殺，看不到具體的成果；因此在二〇一一年被編入三星電子。太陽能電池也因為韓國政府縮減支援、中國業者的供應過剩，造成單價下跌，實際上已經呈現放棄量產的狀態。只不過三年的時間，五大事業就已經收起了兩個。

重新進軍汽車事業？

一九三八年創業的三星，不斷地變化和創新。創辦人李秉哲為了擺脫以輕工業為主的集團事業，轉向重工業和半導體。李健熙果斷地放棄汽車事業，將集團力量集中在半導體，短時間內就以全球最大智慧型手機製造廠商之姿，一躍而起。要放棄一項事業，比進軍新事業更難。若沒有創新的理念，是絕對做不到的。

三星的創新指數，在全球仍有不錯的排名。二〇一四年十月底，波士頓顧問公司（ＢＣＧ）所發表的《二〇一四年最創新企業》報告中指出，三星（包括三星電子在內的所有子公司）在蘋果、Google之後，排名第三。這份報告書共選定五十多家企業，其選擇標準是領導者的領導能力、專利保有數量、產品開發、顧客導向、流程改進等。三星在二〇〇八年（第二十六位）之後，不過五年，二〇一三年便跳升到第二位。小米是後起之秀，寫下排名第三十五位的紀錄；華為則重新進入排行榜，敬陪末座第五十名。

韓國社會對三星所要求的創新，不是系統和程序，而是觀點和模式的創新。為此，當務之急就是大刀闊斧地改變企業文化。不論何種事業，該怎麼走、要走到哪裡，是沒有答案的。即使是再度重操舊業，或許也可以跳脫舊有思維，找出創新之道。

重新進軍汽車事業，是三星目前的選項之一。

全世界的汽車工業，正與電子產業結合中，與當年全然不同。提供Android系統，為三星的智慧型手機裝上翅膀的Google，闖進了無人駕駛汽車的領域。汽車雖然也屬於量產製造業，但若無人駕駛汽車能普及，將為未來的交通系統帶來巨大變化，從根本上改變文明社會。新創企業特斯拉（Tesla Motors）則製造出近似電子產品的電動車。一九九〇年代初期，德國汽車業者因為高額的生產費用，紛紛放棄電動車的量產。但距離那時不過二十年，屬於核心零件的電池技術便有了飛躍式的發展，特斯拉方得以誕生。

三星的強項是零件。而汽車工業和三星所經營的電子產業，並非有著明確區別的不同行業。三星目前已經具備足夠的條件，能開始推動以電子相關子公司為中心，生產汽車零件的事業了。例如三星電子的車用半導體、三星電機的車用馬達、三星面板的中央情報顯示板等等。

二〇一四年八月十八日，三星SDI的電動車用電池廠，正式在中國西安高新區動工興建。預計二〇一五年可以投產，年產純電動車用電池達四萬顆以上，將成為中國、甚至全球最大的電動車用電池生產基地。

將整車製造和零件視為不同領域，如今不再有什麼意義。Google或蘋果等IT企業加入汽車事業的方式，都是在製造方面採取委託代工的模式。汽車工業以製造為基礎，正朝著「移動方案供應商」（mobility solution provider）的角色轉換中。三星作為核心零件供應商，應朝向移動方案的領域，先占先贏。

電動車事業最優先考慮的，正是高級品牌先占先贏的效果。一般人多半認為，從事電動車事業的企業，都是具有環保概念的先進企業。為了減少空汙問題，中國政府已出面推動「新能源車」政策，預備給電動車更多優惠，預期將促使中國本地製造商爭先恐後地製造出有效率的電動車用電池。如果三星能在為空汙問題大傷腦筋的中國銷售電動車、作為對抗蘋果的高級品牌，將會讓智慧型手機的地位更加穩固。

或許在未來，能以三星SDI的電動車用電池廠為中心，再逐步導向電動車量產的製造業。電動車的主幹，就是車體、電池、電流轉換、情報通訊技術等。在這些方面，韓國已經擁有世界級的實力。如果能集中研究開發，今後甚至足以成為韓國經濟的新成長動力。

李在鎔的未來藍圖——醫療和醫療保健事業

李在鎔於二〇一四年九月參加中國博鼇論壇時表示：

三星為了在醫療和醫療保健領域找到新的發展機會，在研究開發上投下了許多資源。面對高齡化問題，許多國家的醫療支出暴增，在各國經濟上都成了一大負擔。若能找到降低醫療費用的解決方案，就會出現多到難以計數的機會。

李在鎔尤其關心，能活用ＩＴ和行動通訊技術等三星強項的醫療與醫療保健事業之發展機會：

（三星）正關注以行動通訊的技術為基礎，開發出能將醫院、醫生和病患即時聯繫在一起，或自我診斷的新型應用技術。

很明顯，李在鎔公開指名將醫療與醫療保健作為新的成長動力，是出於近來智慧型手機市場成長減緩的緣故。李在鎔在當天的演講中，還預測道：

過去的七年時間裡，智慧型手機整合了電腦和通訊兩大革新技術，出現了前所未有的蓬勃發展。但今後就很難繼續維持像過去一樣的成長態勢。

三星自二〇〇〇年開始，便透過三星S-1保全公司、三星首爾醫療中心等，研發遠距離診療系統。目前三星內部的新未來走向，醫療器材事業正一躍而起。目前由三星電子醫療器材事業群社長暨三星Medison代表理事趙秀仁負責；他與前三星電子副會長李潤雨曾在半導體部門長期共事。趙秀仁不僅必須主管包括生化製藥在內的醫療保健事業群，未來還必須一肩挑起與通用電氣（General Electric）、西門子、飛利浦等全球性醫療器材廠商艱苦競爭的重責大任。

重新規劃願景——數位內容服務

三星電子為了像蘋果或Google一樣，成為數位內容業的強者，付出了許多努力。二〇〇八年，當時三星電子社長崔志成，便已成立專門負責數位內容事業的「媒體育樂中心」（Media Solution Center）。崔志成主導了電子書、音樂、影片、線上學習等多樣化資料，以及三星電子專屬行動裝置應用系統「大海」（bada）的開發。

二〇一二年十一月，三星電子正式對外發布將架構三星服務平台（SSP）。三星服務平台架構的目標，是要統合行動裝置（智慧型手機、平板電腦）、電視等分門別類的數位內容和服務，讓用戶無論何時何地都能享受觀看數位內容的樂趣。如果將三星的智慧型裝置全部合而為一，有可能成為全世界規模最大的網路數位內容商店——因為三星電子的行動裝置和電視機市場，是全球第一。

三星雖然以分析用戶喜好、提供個人量身訂做的服務為目標，但在方法上，卻選擇了不同的路。三星認為，若是直接詢問使用者的需求，這種方式有其限制；因此依賴大數據分析。同時，也做出了戰略性構想，將三星智慧型手機或智慧電視用戶留下的龐大數量資料進行分析，分區域別、年齡別、時間，事先掌握各領域用戶想要的服務內容。

媒體育樂中心利用分散於兩百多個國家的三星電子行銷網，同樣建立了依國家別提供多樣化量身訂做服務的策略。並且訂出方針，全世界所有用戶共同使用的服務或數位內容、應用程式的開發與提供，由媒體育樂中心來主導；特定國家或地區的專業化服務，則由該國或該地分公司來負責。從將用戶塞進某特定區段（segment）的時代，到提供為個人量身訂做的數位內容，最大程度地重視使用者體驗、參與感與滿足感；透過大數據和用戶行為分析的「個人用戶」時代，已經開啟。

問題是，三星還是輸給了小米。小米不過是個成立不到五年的企業，也從未聽說小米依賴大數據的分析。三星電子在媒體育樂中心啟動後，並未因此在數位內容事業具備競爭力。專家們認為，三星電子在數位內容事業使不上力的最大原因，是因為缺乏強大的平台。

而有一部分看法認為，三星本身不夠柔軟的組織文化，不適合數位內容之類的軟體事業。三星給外界的印象，仍舊是帶有強烈軍事化垂直文化色彩的硬體企業；在確保軟體事業上所需的創意人才方面，就成了最大的障礙。三星電子若想推動重視物聯網之軟體力量的新事業，就必須尋求強大的創意人才。

三星電子在根本上，總是無法擺脫「以製造為本業」的思考方式。三星電子的成員裡，一定有部分的人認為，既然本業是製造，那為什麼要從事數位內容事業？假設，有這種想法的人，正好就在媒體育樂中心工作；假設，有這種想法的人，有好幾位都在三星的重要部門工作——那麼情況會變得如何呢？他們的想法會成為意見，意見形成輿論，輿論決定政策。從這個角度來看，三星電子確實有必要對自身目前屬於何種企業、未來又有什麼樣的遠景，重新做一番規劃。

三星電子為了對應蘋果的iTunes、亞馬遜和Google Play，重拾數位內容平台的主導權，二〇一三年伴隨Galaxy S4的上市，也正式推出「三星分享器」（Samsung Hub）服務。但服務開始還不滿兩年，就於二〇一四年七月增加了音樂分享器；八月是影視、媒體分享器；十一月則是「三星書庫」（Samsung Books）等服務。但因為無法與Google、亞馬遜、蘋果等行動數位內容的強者競爭，數位內容的獲取並不順利。三星電子目前改變數位內容服務的策略，採取與外部具競爭力之業者合作的方式。

據說，媒體育樂中心曾嘗試架構網路數位內容商店系統；但即使是亞馬遜，事實上也失敗了。而在視製造為本業的三星電子內部，也引發很多爭議。

一九九三年，李健熙的「新經營」第一期開始時，三星也曾參與流通與電影事業；但沒過多久，全都收了起來。如果那時的事業擴展開來，就有可能成長為改變流通業概念的電子商務事業。就在三星猶豫不決之際，亞馬遜、阿里巴巴這類全球性電子商務業者，動搖了實體流通業。

自由貿易協定（FTA）的締結，讓直接購買和非直接購買族群（透過網路購買韓國產品的外國消費者）越來越多了。隨著中韓FTA的締結、韓流的持續湧入，也加速了中國市場的國內需求。三星電子應擺脫貫徹製造業的精神，以服務業的心態重組事業，至少，先開拓中韓之間的電子商務市場。

如果三星電子的企業文化很難接受這點，也可以考慮將電子商務事業移交給集團內的服務、流通部門。媒體育樂中心的現有業務，已將重心移往美國；因此韓國總公司所負責的任務，也大幅被縮減。不管是韓國國內或國外的企業，先收購具有競爭力的公司，或許也是解決方案之一。

進軍電子商務

電子商務市場的強手，以美國的亞馬遜和 ebay、中國的阿里巴巴，及日本的樂天為代表。亞馬遜進軍包括日本在內的十二個國家，ebay 則是阿根廷和澳洲等二十八個國家。樂天是日本最大網路購物商店業者，會員人數高達九千萬，已進入巴西、台灣等九個國家的市場。阿里巴巴以在美國證券市場上市為開端，開始進軍美國、韓國等海外地區。

韓國業者想要與龐大的跨國資本競爭，尚嫌勉強。但也有業者以專賣店海外直營方式，將東大門的服飾銷往中國或日本，業績達數百億韓元（上千萬美元）以上。銷售項目只不過是一些印刷品、盒子、服飾等，不是什麼特別的商品；並且開發出利用低廉的國際運送、他國國內快遞、他國國內支付服務、海外客服中心等一切方式。是中小企業能做到的事，龐大如三星集團為何沒有試圖往這方面規劃呢？想要勝過小米等中國業者，唯一的方法，就是改變銷售管道。

明明知道答案，卻不去做；或許也代表著，三星還不認為自己正處於危機中吧。

在越南尋找出路

二〇〇九年，三星電子在越南的行動電話事業部開始製造生產：二〇一〇年，出口額二十三億美元；二〇一一年，六十八億美元；二〇一二年，一百二十四億美元；二〇一三年，兩百一十五億美元；成為越南單一商品中最大的出口商品，站穩了腳步。此出口金額占越南整體出口的一八％，過去諾基亞也曾經占芬蘭出口的二〇％，由此可以想像三星電子在越南的地位。

二〇一三年三月開工的行動電話第二工廠，到了二〇一五年中進入全面開工階段的話，越南事業部的整體生產能力，每年可達到三億支。三星電子分散在全球七個地方的行動電話生產基地，生產總和為四億支，光越南一地就占四分之三。

為了對應未來經營環境的變化，三星電子在保有價格競爭力的同時，也推動相關模組的內製化。三星電子越南工廠在生產行動電話時，約有三〇％到三五％是使用越南本地製造的零件。近來，三星電子決定，投資十二億美元於行動電話用半導體晶片之生產。三星顯示也決定，投資十億美元於行動電話用高級液晶螢幕模組工廠；不斷提升內製化的比率。

越南事業部的職員月平均薪資，約五十萬到八十萬韓元（約四百五十到七百二十美元），並且越南是全世界公休日最少的國家之一。越南政府並給予新建工廠長期減免法人稅，並適用分級制度。如此一來，三星電子在越南的行動電話事業，每年至少可以節約九千億韓元（約八．一億美元）以上的費用和稅金。以三星電子季度營收下滑四兆多韓元（約三十六億美元）的立場來看，還能創造出九千億韓元稅後收入的工廠，大概就只有越南的行動電話工廠了。對三星來說，越南是生存的最後棲身之地。

但反過來看，由於當地業者的資本和技術力不足，也加重了三星電子、三星電機等旗下主要零件製造子公司在投資上的負擔。越南與中國不同，全世界IT業者在此的投資不多；而協力廠商的存活高度依賴三星電子，這也是一大缺點。

擴大團膳事業

中國的食品安全問題堪慮，對於違反食品安全法的黑心商人，中國政府擬比照空污問題，以擾亂國家法紀之罪名處理。三星多年來在團膳事業方面累積的專業，值得大大利用。

在韓國國內，團膳事業被指定為中小企業的專門行業，大企業旗下子公司無法進入這個市場。因此，大企業裡從事團膳事業的子公司群，就只好針對韓國企業在中國、越南等勞力密集地區的勞工群居工廠為中心，來推動這項事業。

在我任職三星期間，也曾經數度前往三星的龍仁研修院，三星的職員都對員工餐廳的膳食都非常滿意。三星很早以前就在工廠內部自行經營員工餐廳，自然累積了很多團膳方面的祕訣。

從三星的員工餐廳，可以原原本本看見乾淨清潔的企業文化。在亞洲，韓流文化十分盛行，連帶許多韓國食品也廣受歡迎。趁著這股熱潮，應該大大利用三星這塊招牌，以食材流通、先進的料理過程、訓練有素的廚師，以及營養師教育系統、服務理念等，進攻中國市場。

三星旗下的團膳企業三星Welstory，是從握有團膳祕訣的三星愛寶樂園（第一毛織）中獨立出來的企業，目前已開始進軍中國市場。

跨越革新

終極目標就是蘋果

智慧型手機戰爭的勝利者，就會成為全球ＩＴ業界的支配者，這正是智慧型手機之勝負如此受矚目的原因。智慧型手機在現存ＩＴ產品中，最為輕薄短小，卻也創造出最高附加價值。一台智慧型手機可以將行動電話、ＰＤＡ、MP3 Player以及網路終端機所有功能齊聚一處，因此握有半導體、面板、電池、相機等各領域最高技術的智慧型手機企業，就是全球ＩＴ業界的霸主。

三星認為自己勝過蘋果，但三星真的勝過蘋果了嗎？韓國《中央日報》首席社論委員李哲浩，對蘋果和三星做了如下比較：

如果說三星賣的是智慧型手機，那蘋果賣的就是生態系統。如果說三星追著魚跑，那蘋果就是魚塭養殖業者。iPhone 的使用者擁有最高的忠誠度。反過來說，只要被 iPhone 的生態系統捕獲一次，就難以脫離而出了。

蘋果正與阿里巴巴洽談合作行動支付的可能性。阿里巴巴的支付寶已經進入韓國，最近和大韓航空、韓亞航、樂天免稅店、樂天達康（Lotte.com Inc. 韓國電子商務公司）、KG Inicis（韓國電子支付平台）、KICC（韓國情報通訊公司）等四百餘家企業，都簽訂了合作協議。今後，三星不只在新未來事業的智慧家庭市場、醫療保健市場，甚至三星 S-1 保全公司所負責的保全業部門，都會面臨與蘋果的競爭。

蘋果核心競爭力的重心，在於執行長提姆．庫克（Tim Cook）。庫克之前雖然一直保持低調，但確實不斷向前邁進，逐漸顯露出自己的色彩。

賈伯斯生前從未訪問中國，但庫克卻將中國視為蘋果的戰略市場，光是二〇一四年第二季度，中國的行銷費用就上漲到五十九億美元。賈伯斯絕對不會回購自家庫藏股和配股，但庫克積極為之：他在二〇一四年第一季度，購回相當於一百八十億美元的庫藏股。於此期間，蘋果的股價上漲了二五％。iPhone 6更採取大螢幕設計，完全不同於賈伯斯的作風。

不管是三星還是蘋果，共同面臨的問題，就是安於現狀的官僚主義，和對企業忠誠度不足所導致的開發技術外流等。蘋果的最大弱點，就是外包制度所致的下游業者惡劣勞動條件。鴻海集團的子公司富士康（Foxconn）全盤負責蘋果產品之組裝，因而快速躋身世界五百大企業的行列。但卻因為非人性的作業環境，造成數億美元的損失，陷入危機之中，這也可以說是蘋果的危機。

iPhone專由富士康製造，蘋果只負責設計和行銷。如今富士康已不再是單純的下游代工業者，而是在全球十二個國家設立二十五座工廠，擁有一百二十萬名員工的大型企業，擁有的專利達三萬五千個以上。問題在於，富士康被打上了血汗工廠的標籤，連利潤都大幅縮減。蘋果的股價每年都在刷新上限，但富士康的股價卻還是維持在五年前的水準。

二〇一〇年，富士康為了配合iPhone訂單，投資了一百億美元在中國四川成都市興建新的工廠。但蘋果獲得了一百四十億美元的利潤，富士康卻首度出現兩億美元的赤字。這是因為富士康已無法有效地掌控供應網，並維持廉價勞力之故。一台要價五百美元的iPhone，在富士康組裝所需的成本僅十二美元。因此富士康經營上的惡化，最終將衍生為蘋果的危機。

擁有強大硬體基礎的三星，必須針對蘋果的弱點，集中攻擊。不論蘋果再如何以其本身卓越的軟體自豪，但若繼續和奠基於廉價勞力的富士康掛勾，富士康的危機就會延續為蘋果的危機。大部分專家對蘋果的未來持保留態度，原因也在此。

三星電子在越南投資了一百一十億美元，讓三星和越南政府結合成一個生命共同體。三星對越南的投資，未來有更加擴大的趨勢。選擇越南作為新生產基地的三星電子，與選擇中國作為主要生產基地的蘋果，就製造成本競爭力來看，三星電子暫時領先一步。但包括軟體在內，三星對於自身獨特的運作體系，有必要進行更大膽的投資。

在行動支付平台，三星打算和 PayPal 聯手，展開反擊。但手機支付的便利形象，已經由蘋果搶盡先機。三星電子以「三星電子錢包」（Samsung Wallet）為名開發出來的 Android 系統電子商務技術，也已獲得認證。但礙於韓國國內的規定，轉而將目標對準中國市場和中國客戶，選擇了和中國銀聯合作的迂迴戰術。

最終，三星必須決定，該怎麼做才能和蘋果走不同的路。如果因為受到業績或輿論、時間的壓迫，而做出錯誤的結論，那麼問題只會每下愈況。李在鎔體系應該透過組織與事業、人事改組，拔擢可在短期內做出成果的野戰型人才；同時也必須有一個方案，提供能穩定執行的中長期策略。在現實上授予未來戰略室企劃組原本的任務和權限，並安排能隨時接觸李在鎔的適當人選，才是最妥善的。

三星是下一個索尼嗎？

很多人擔心，三星是不是在重蹈索尼的覆轍。《索尼與三星》的作者，高麗大學教授張世真認為，索尼的沒落，主要核心問題在於CEO的領導方式。他並指出，經營權接班過程中的混亂，是造成索尼停滯不前的最大原因。出井伸之頻繁地進行組織重整，使得索尼的組織網變得十分散漫，經營效率大打折扣。

漢陽大學教授尹德均認為：

索尼的事業重心由家電轉移到軟體、服務業部門，並加強唱片、電影等數位內容（contents）產品，但這並非根本性的解決辦法。追根究柢，索尼的沒落是因為技術開發核心力量的崩潰。

一九九五年就任會長職務的出井伸之，面對數位時代，無法快速地跟上。索尼雖然推出高性能筆記型電腦Vaio，卻受到低價產品的排擠，陷於苦戰，這就是索尼沒落的開端。雖然一九九七年在市場上推出高畫質映像管電視機Vega，再度將力量集中於技術開發；但此時，全球市場已改由超薄型電視主導整個潮流。

從索尼和黑莓機的例子可以看出，當其他競爭業者推出新產品搶攻市場之際，領先業者卻因為內部問題或對市場環境認識不足，錯失機會，失去了競爭力。如今，面對小米的三星，似乎也呈現出內外交迫的窘境。

三星電子在二〇一四年十一月十七日於美國紐約舉行企業說明

會，公布將縮減智慧型手機機種。這是為了降低生產成本、迎戰小米等中低價手機業者，固守市占率所採取的策略。當天專務理事李明進（音譯）表示：「不清楚（小米的）利潤是從哪裡創造出來的」、「（小米）因為是靠網路銷售，也不清楚（減少中間支出）這麼做是否很好」。他同時強調，除了中國之外，這種行銷策略是否放諸全球皆準，還是一個疑問。

三星一如既往地認為，在智慧型手機市場，不到六個月勝者就會換人。雖然小米無法像三星一樣擁有先前銷售功能型手機所累積的全球銷售網，但線上銷售系統截然不同，其核心是確保供貨工廠、物流倉庫，建構客服中心，以及與宅配公司的合作。

小米把在中國的成功模式也搬到交通、物流等基礎設施較中國更完善的世界市場，其擴張速度有可能比預期更快。在這個關頭，也不禁讓人擔憂，三星並未好好正視小米的存在。

拋開領先企業的傲慢

賈伯斯將電腦放進手上的智慧型手機裡，將MP3和汽車導航系統變成無用之物，改變了人類的生活。特斯拉執行長伊隆．馬斯克（Elon Musk）注意到了放在筆記型電腦裡的鋰電池，因而創造出電動車。特斯拉的技術不能算尖端，但其本身的創意卻與眾不同。

三星也該做出如此創舉，卻未能做到。就在這個需要突破性的創新產品之際，李健熙病倒了；於是只能交給李在鎔來承擔。如今，三星內部的領導問題，成了比創新更重要的課題。

李健熙對於產品組裝與零件採購，選擇集團內部內製化策略；如今三星智慧型手機裡內建的主要零件，很多都由子公司生產製造。相反地，李在鎔則積極開放門戶。

三星電子最近推出的虛擬實境頭戴式液晶顯示器（HMD）Gear VR，就是和 Oculus VR 合作開發的，這家公司已經被臉書收購。在過去的三星，就算熬夜也要自行開發出技術；但如今則採取盡可能截長補短，在最短時間內將產品推到市場上的策略。

三星電子將對外正式文書的編輯軟體，從「訓民正音」替換為微軟 Word 一事，就足以象徵這一點；因為「訓民正音」可以說是三星軟體的自尊心。這項決定是李在鎔在二〇一四年九月，和微軟現任執行長薩提亞．納德拉（Satya Nadella）會面一週後發表的。表面上只是變更了正式文書的編輯軟體，但相關業界猜測，這代表兩家公司之間正考慮更緊密的合作關係。

業界一般認為，三星電子與蘋果的和解，實際上正是李在鎔主導促成的。三星電子和蘋果的專利訴訟，導致三星電子沒能確保iPhone內建應用處理器（AP）的代工數量。但目前三星已再度供應iPhone 6的內建應用處理器，同時也重新開始供應iPhone 6的內建行動DRAM。過去支撐三星電子營收的智慧型手機業績大幅下滑的同時，半導體又再度受到矚目。在這個智慧型手機事業必須重整的時刻，與蘋果和解是最適當的抉擇，也受到了各界的肯定。

如果以李在鎔為首的集團最高管理群無法解讀時代，或走在時代前端，三星電子給韓國內外所留下的印象，就只是一個擁有龐大組裝工廠的製造商而已。或許放低姿態，為正無止盡成長中的小米提供高端智慧型手機代工，也是一種雙贏的策略。

邁向新的道路

部分人士認為，李在鎔應該像過去李健熙時代一樣，也即三星一直以來依賴系統和程序來運作的方式——比起執行長，更該好好扮演身為大股東的角色。李健熙雖然是實質上的企業最高領導人，但在法律上，卻不是三星電子理事會的理事。這是三星掌控結構上的特徵。

李在鎔即使尚未正式就任三星的第三代會長，但似乎即將擔任三星電子理事會理事的職務。也就是說，企業所有人與專業經理人的集體管理結構，可能在三星登場。重要的是，必須形成一個正向的環境，讓專業經理人能發揮所長。如此，只要李在鎔體系能做到信賞必罰，日後就不會有太大問題。但大股東的觀點是否創新，還是密切關乎今後三星的未來與韓國的未來。

跨國企業的經營環境，存在許多複雜而不可預料的變數，很可能牽一髮而動全身。三星在中國西安投資了七十億美元；在越南已動工或計畫中的投資規模，更高達一百一十億美元。同時，更以美國為中心，投入數十億美元併購創投企業。

即使三星強調，韓國國內少有公司或研究開發人才，擁有符合三星未來導向事業的力量；但事實上，美國的風險投資公司，正針對韓國的新創企業加強投資。中國的IT企業們，更紛紛在首爾和大都會地區設立研發中心。

在韓國國內，三星卻藉由三星SDS和第一毛織在韓國證券市場上市獲取的資金，加速進行財產繼承與管理結構的重組，以利經營權接班。

韓國朴槿惠政府所提出的「創造經濟」的核心，是提高產業效率，進而創造更多工作機會。然而，近期三星的型態，讓人搞不清楚其企業活動究竟是為了什麼、又是為了誰。三星在國內外企業投資的政策之間，必須尋求一個平衡點。

結語

人類只不過是從神的手裡，暫時借用了一點時間而已，所有生命總有一天終將走向盡頭。不論是李健熙的家人或三星的高階管理者，都用盡一切方法，想要延續李健熙的生命；這是理所當然之事。

但在我下定決心寫這本書之前，我曾經和泛三星家族的某位人士見面。他對我說：「金錢是萬惡之首，李健熙現在所處的情況是最糟糕的。」對病痛在身的人，應竭盡所能讓他擺脫痛苦；在治療過程中，也應盡人事而聽天命。畢竟，人類的尊嚴，也包括了整個生命的過程。

三星已經不再是一家單純的民間企業，最高決策者的行動，會對韓國社會造成很大影響。李健熙長期臥病，若某一日真的離世，三星就必須進入後續作業。經營權接班程序正式展開。若有必要，還得先進入實質的社會協商過程。現階段有可能形成爭議的，是對於三星SDS股票上市後，大股東各人所得的上市差額利潤是否合法的問題。

經濟改革連隊、經濟正義實踐市民聯盟（經實連）等市民團體，都提出了這個問題。政界也由新政治民主聯盟的議員朴映宣，代表三百多名國會議員宣布了多數議員的立場。朴映宣認為，李鶴洙、金仁宙已被判有罪，應另當別論；但對於受惠者李在鎔兄妹三人所得到的鉅額上市差額利潤，「如果當事人自願捐贈作為社會貢獻基金之類使用，所有人都會欣然接受。」

或許三星可以考慮接受上述提議，但這與經營權接班，仍然是兩回事。李在鎔目前並非已經接手三星集團的經營權，只是正努力要接手而已。如果經由如此的繼承過程仍無法順利接班，三星該強化的，不是企業本身的競爭力，而是應透過子公司之間的合併，強化控管結構。另一方面，世界經濟與跨國企業的經營情況，也不是那麼簡單的事。企業就如同在足球場上奔馳的選手，如果三星的管理結構必須消耗韓國社會太多的時間和精力，就會錯過解決韓國經濟和三星困境的黃金時間。

三星雖然比蘋果晚了一步加入智慧型手機市場，但卻獲得了空前的成功，而這份成功也傾注了三星所有資源。中國本地企業在小米的帶頭之下，以龐大的內需市場為基礎，正急起直追。電子大國日本的企業，也在經歷了嚴酷的結構重組後，趁著日圓貶值，而有復甦的跡象。歐美經濟則挾著資本力與技術競爭力，引領市場走向。

帝國是經由戰爭才建立的，也可能會在小小的戰爭中遭遇失敗。現在，三星眼前正展開一場難以避免的戰爭，三星則面臨非贏不可的緊急狀況。三星真的能在這場戰爭中取勝嗎？

我在三星度過了一生中最閃亮的歲月；離開三星的時候，我也曾後悔在那裡投注了太多心力。但出版本書的同時，我打算和自己的過去和解。

後記。冰山一角

因為看不到，所以不知道害怕，也不覺得恐怖。因為該照顧、該愛護的人都不在眼前，所以才能一無所懼吧。不再執迷不悟，才能看清錯誤的一生，讓我原諒了對不起我的人，也祈求我對不起的人能原諒我。

我向父親祈求內心的平靜，不知不覺間，已然得到。我在三星度過了一生中最閃亮的歲月；離開三星的時候，我也曾後悔在那裡投注了太多心力。但出版本書的同時，我打算和自己的過去和解。

導致我決定離開三星的關鍵因素，是一種相對性的被剝奪感。我曾經滿懷希望，以為自己如此辛苦，應該會獲得賞識、得到拔擢，但這份期待，最後卻變成了失望。如果三星持續推動汽車事業，我應該也不會離開吧。

三星放棄汽車事業之後，我被調往三星S-1並接受訓練。機械保全業，屬於輕薄短小的服務業；汽車業則是與石化、造船、鋼鐵等相提並論的重工業。電子，尤其是量產製造部門，因為是大規模的投資，並伴隨著相對的風險，因此仍舊屬於重工業的範疇。在重工業文化裡浸淫了超過十三年的時間，從規模上而言，我實在無法適應服務業。

在咖啡館把報紙全都看完之後，穿過馬路，走到正對面新開的麥當勞二層樓獨棟賣場。不禁想起一九九七年初，到德國漢堡（Hamburg）附近的奧斯納布魯克（Osnabrück）出差的事情。大雪覆蓋的漢堡港，至今仍舊歷歷在目。從港口附近的聖堂鐘塔上，眺望冬天的漢堡港口，感受不到一絲人的氣息。

時值寒冬，我就如此在京畿道北部一個完全陌生的地方，回想起自己的年輕歲月。為了調查競爭對手起亞汽車，竟獨自一人跑到德國的荒郊野外。而現在，我竟然會出版一本與我曾經棲身的三星，以及三星的管理高層有關的書，真是諷刺。

人生，總令人始料未及。

去年中秋連續假期之時，我思考著自己最擅長的是什麼？或許是寫作吧。二〇一四年七月。與我現在經營的畫廊頗有淵源的一位朋友，提供我三星家族的相關資料。以此為開端，讓我有機會重新審視三星。於是，我便開始動筆。

有關企業、管理、產業的內容，需要客觀的視角。在各大報章雜誌撰寫專欄的經驗，給了我很多幫助。在本書中，我試圖將事實與意見區分開來，許多引用的文章、朋友間的對話等，無法預先向當事人一一求得諒解，只能在此深深祈求見諒。對於本書出版作業上給予協助，但無法一一具名的所有人，也致以最高的謝意。

謹將此書獻給在我人生最艱困的時候，始終守護我，照顧我，並引導我父親的聖母。此書若能暢銷，大部分的收益將捐給獻身上帝的全職修士，以及貧窮的修道院。無論如何，盼能如願。

三星殞落？——李在鎔接得了班嗎？ / 沈正澤（심정택）著；游芯歆譯 -- 初版 . -- 台北市：時報文化 , 2015.6 ； 面；公分（NEXT 叢書 ; 218）
譯自：삼성의 몰락
ISBN 978-957-13-6298-4（平裝）

1. 三星電子公司 2. 企業經營

494 104009664

ISBN 978-957-13-6298-4
Printed in Taiwan.

NEXT 叢書 218

三星殞落？——李在鎔接得了班嗎？

삼성의 몰락

作者 沈正澤 심정택｜**譯者** 游芯歆｜**主編** 陳盈華｜**美術設計** 莊謹銘｜**執行企劃** 張媖茜｜**董事長・總經理** 趙政岷｜**總編輯** 余宜芳｜**出版者** 時報文化出版企業股份有限公司 10803 台北市和平西路三段 240 號 3 樓 **發行專線**—(02)2306-6842 **讀者服務專線**—0800-231-705・(02)2304-7103 **讀者服務傳真**—(02)2304-6858 **郵撥**—19344724 時報文化出版公司 **信箱**—台北郵政 79-99 信箱 **時報悅讀網**—http://www.readingtimes.com.tw｜**法律顧問** 理律法律事務所 陳長文律師、李念祖律師｜**印刷** 勁達印刷有限公司｜**初版一刷** 2015 年 6 月 19 日｜**定價** 新台幣 350 元｜行政院新聞局局版北市業字第 80 號｜**版權所有 翻印必究**（缺頁或破損的書，請寄回更換）